电网企业
一线员工 作业一本通

分布式光伏并网营销服务

国网浙江省电力有限公司　组编

中国电力出版社
CHINA ELECTRIC POWER PRESS

图书在版编目（CIP）数据

电网企业一线员工作业一本通. 分布式光伏并网营销服务 / 国网浙江省电力有限公司组编. —北京：中国电力出版社，2018.9

ISBN 978-7-5198-2173-9

Ⅰ. ①电… Ⅱ. ①国… Ⅲ. ①电力工业－职工培训－教材 ②太阳能光伏发电－职工培训－教程 Ⅳ. ① TM ② TM615

中国版本图书馆 CIP 数据核字（2018）第 140291 号

出版发行：中国电力出版社
地　　址：北京市东城区北京站西街 19 号（邮政编码 100005）
网　　址：http://www.cepp.sgcc.com.cn
责任编辑：刘丽平（liping-liu@sgcc.com.cn）
责任校对：黄　蓓　太兴华
装帧设计：张俊霞　左　铭
责任印制：邹树群

印　　刷：北京博图彩色印刷有限公司
版　　次：2018 年 9 月第一版
印　　次：2018 年 9 月北京第一次印刷
开　　本：787 毫米 ×1092 毫米　横 32 开本
印　　张：8.5
字　　数：205 千字
印　　数：0001—5000 册
定　　价：45.00 元

内 容 提 要

本书为"电网企业一线员工作业一本通"丛书之《分布式光伏并网营销服务》分册，围绕服务基础、并网服务、运行管理和典型案例四个方面，对居民分布式光伏和非居民分布式光伏业务开展的服务规范和工作规范进行阐述，并以并网服务工作流程和运行管理工作模块为主体内容展开描述，附有相关的典型案例。

本书可供电力营销基层管理人员和一线员工培训及自学。

编 委 会

编 写 组

丛书序

国网浙江省电力公司在国家电网公司领导下，以"两个率先"的精神全面建设"一强三优"现代公司。建设一支技术技能精湛、操作标准规范、服务理念先进的一线技能人员队伍是实现"两个一流"的必然要求和有力支撑。

2013年，国网浙江省电力公司组织编写了"电力营销一线员工作业一本通"丛书，受到了公司系统营销岗位员工的一致好评，并形成了一定的品牌效应。2016年，国网浙江省电力公司将"一本通"拓展到电网运检、调控业务，形成了"电网企业一线员工作业一本通"丛书。

"电网企业一线员工作业一本通"丛书的编写，是为了将管理制度与技术规范落地，把标准规范整合、翻译成一线员工看得懂、记得住、可执行的操作手册，以不断提高员工操作技能和供电服务水平。丛书主要体现了以下特点：

一是内容涵盖全、业务流程清晰。其内容涵盖了营销稽查、变电站智能巡检机器人现场运维、特高压直流保护与控制运维等近30项生产一线主要专项业务或操作，对作业准备、现场作业、应急处理等事项进行了翔实描述，工作要点明确、步骤清晰、流程规范。

二是标准规范，注重实效。书中内容均符合国家、行业或国家电网公司颁布的标准规范，结合生产实际，体现最新操作要求、操作规范和操作工艺。一线员工均可以从中获得启发，举一反三，不断提升操作规范性和安全性。

三是图文并茂，生动易学。丛书内容全部通过现场操作实景照片、简明漫画、操作流程图及简要文字说明等一线员工喜闻乐见的方式展现，使"一本通"真正成为大家的口袋书、工具书。

最后，向"电网企业一线员工作业一本通"丛书的出版表示诚挚的祝贺，向付出辛勤劳动的编写人员表示衷心的感谢！

国网浙江省电力公司总经理　肖世杰

前　言

为全面践行国家电网公司"四个服务"的企业宗旨，进一步强化电力营销基层班组的基础管理、提高电力营销员工的基本功，持续提升供电服务水平，一批来自电力营销的基层管理者和业务技术能手，本着"规范、统一、实效"的原则，编写了"电网企业一线员工作业一本通"丛书中的电力营销系列。

电力营销系列丛书结合电力营销专业各岗位的特点，遵循电力营销有关法律、法规、规章、制度、标准、规程等，紧扣营销实际工作，涵盖岗位服务规范、作业规范、应急处理、日常运营、故障分析处理等内容。

本书为《分布式光伏并网营销服务》分册，着重围绕居民分布式光伏和非居民分布式光伏业务的实际工作开展，从服务基础、并网服务、运行管理和典型案例四个方面，对光伏业务工作流程、工作规范和操作技巧进行了梳理和分析，以并网服务工作流程和运行管理工作模块为主体内容展开描述，并附有工作相关的典型案例。

由于编者水平有限，疏漏之处在所难免，恳请各位领导、专家和读者提出宝贵意见。

本书编写组

2018年7月

目　录

丛书序

前言

■ **Part 1　服务基础篇** 1

　　一　光伏知识 2

　　二　服务规范 10

■ **Part 2　并网服务篇** 19

　　一　居民光伏新装 20

　　二　非居民光伏新装 164

■ **Part 3　运行管理篇** 229

　　一　日常管理 230

　　二　电费结算 239

　　三　安全保障 244

Part 4　典型案例篇 ·· **249**

一　营财贯通报错处理 ·· 250

二　客户电费电价查询 ·· 255

Part 1

本篇分为光伏知识和服务规范两个部分，介绍了光伏发电、光伏分类、专业术语和电费电价标准等基础知识，并对营业厅、办公室以及客户现场等场景的服务规范进行了说明，为光伏业务办理人员提供参考。

服务基础篇

一 光伏知识

（一）分布式光伏发电简介

分布式光伏发电是指在用户场地附近建设，采用光伏组件，将太阳能直接转换为电能，遵循因地制宜、清洁高效、分散布局、就近利用的发电系统。

输出功率
较小

环保效益
突出

缓解
用电紧张

发电
用电并存

分布式发电四大特点

分布式光伏发电是一种新型的、具有广阔发展前景的发电和能源综合利用方式，倡导就近发电、就近并网、就近转换及就近使用的原则。

目前应用最为广泛的分布式光伏发电系统是建在城市建筑物屋顶的光伏发电项目。该类项目必须接入公共电网，与公共电网一起为附近的客户供电。

推广分布式光伏发电的重大意义

优化能源结构　　推动节能减排　　实现可持续发展

（二）分布式光伏发电项目分类

1. 主要分类

根据国网浙江省电力公司发布的《关于修订〈国网浙江省电力公司分布式光伏发电项目并网服务管理实施细则〉的通知》（浙电营〔2017〕169号），纳入营销业务系统的分布式光伏发电项目包括以下两类：

类型	接入电压等级	装机容量	消纳方式
第一类	10（20）kV及以下	每个并网点不超过6MW	—
第二类	10（20）kV	每个并网点超过6MW	非全额上网
	35kV	—	非全额上网

小提醒

√ 居民分布式光伏项目与常见的非居民分布式光伏项目均属于第一类分布式光伏发电项目。

√ 接入电压即接入点电压，接入点定义详见专业术语辨析部分。

2. 其他分类

按光伏系统建设场所或所用土地性质分类：

类别	场所或土地性质	投资主体	电压等级
居民光伏项目	房屋（建筑物）及附属非农耕土地等场所	自然人	220V或380V
非居民光伏项目	非居民用地	非自然人	根据装机容量确定

按发电量消纳方式分类：

类别	接入方式	用户电量
全部自用	接入用户内部电网	不足部分由电网提供
自发自用剩余电量上网	接入用户内部电网	不足部分由电网提供
全额上网	一般就近接入公共电网	由电网提供

按接入方式分类:

类别	客户投资建设部分	电网投资建设部分	所用表计
接入用户内部电网	光伏发电系统、接网工程	公共电网改造部分	公共连接点装设双向计量表计、并网点装设单向计量表计
接入公共电网	光伏发电系统	接网工程、公共电网改造部分	公共连接点装设双向计量表计

（三）专业术语辨析

公共连接点：用户系统（发电或用电）接入公共电网的连接处。

接入点：电源接入电网的连接处，该电网既可能是公共电网也可能是用户电网。

并网点：对于无升压站的分布式光伏项目，并网点为分布式电源的输出汇总点；对于有升压站的分布式光伏项目，并网点为分布式电源升压站高压侧母线或节点。

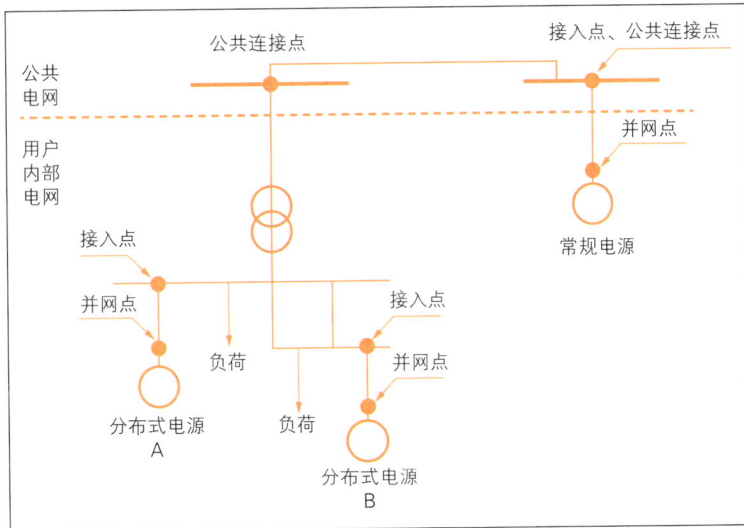

(四)电费电价标准

1. 自发自用剩余电量上网类项目

根据相关文件要求,浙江省地区分布式光伏发电项目中,自发自用剩余电量上网类项目上网电量收购价格及国家级、省级补贴标准如下:

类型	价格(元/kWh)	电量	依据文件	备注
电费	省燃煤机组标杆上网电价	上网电量	《关于进一步明确光伏发电价格政策等事项的通知》(浙价资〔2014〕179号)	根据《浙江省物价局关于电价调整有关事项的通知》(浙价资〔2016〕2号)文件,目前价格为0.4153元/kWh
补助	0.42	全电量	《关于进一步明确光伏发电价格政策等事项的通知》(浙价资〔2014〕179号)	通过可再生能源发展基金予以支付,由电网企业转付
补助	0.1	全电量	《浙江省人民政府关于进一步加快光伏应用 促进产业健康发展的实施》(浙政发〔2013〕49号)	获得国家可再生能源发展基金补助的光伏发电项目,由省额外补贴

2. 全额上网类项目

经政府价格主管部门批准或按照政府主管部门的规定，全额上网类项目光伏上网电价为当地光伏电站上网标杆电价。其中，光伏发电上网电价在当地燃煤机组标杆上网电价（含脱硫、脱硝、除尘）以内的部分，由供电公司结算；高出部分，通过国家可再生能源发展基金予以补贴，由供电公司转付。

小提醒

√ 供电公司仅负责提供发电数据并转付国家级、省级的补贴，地市、区县级补贴由地方政府有关负责部门发放。

√ 目前，国家级、省级补贴的发放年限为20年。

二 服务规范

（一）服务基本准则："三要"和"三不要"

"三要"
◎ 仪容仪表要整洁
◎ 作业行为要规范
◎ 服务客户要用心

"三不要"
◎ 不要忽视客户要求
◎ 不要与客户发生争执
◎ 不要损坏国家电网形象

（二）服务礼貌用语十二条

使用文明礼貌用语，语音清晰，语速平和，语意明确，提倡讲普通话，尽量少用生僻的电力专业术语。

常用文明用语	
◎ 您好	◎ 抱歉/ 对不起
◎ 请/请问	◎ 不客气/没关系
◎ X先生/女生	◎ 非常感谢/谢谢
◎ 请稍等/稍候	◎ 好的
◎ 麻烦您	◎ 再见/再会
◎ 打扰了	◎ 很高兴为您服务

（三）仪容仪表规范

1. 营业厅员工

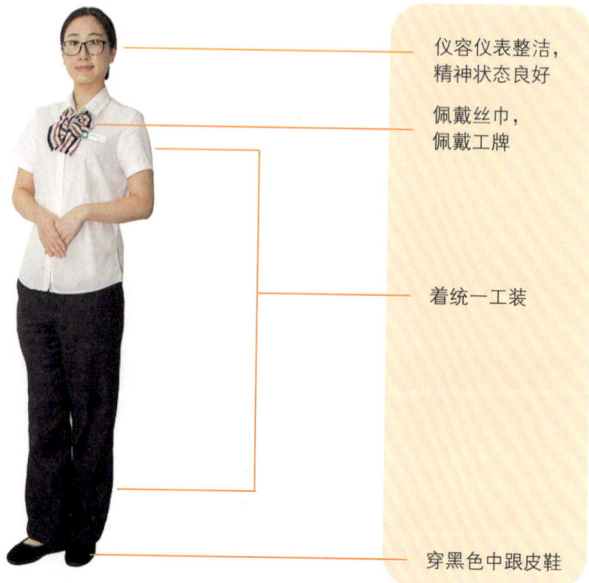

仪容仪表整洁，
精神状态良好

佩戴丝巾，
佩戴工牌

着统一工装

穿黑色中跟皮鞋

2. 装接人员/客户经理

携带相关证件，并按国家电网公司要求统一着装、戴安全帽等。

仪容仪表整洁
精神状态良好

佩戴安全帽
系好帽扣
佩戴工作证件

着统一工装
衬衫下摆收进裤中

穿绝缘鞋
鞋面保持清洁

（四）典型场景服务规范

1. 营业厅服务

注意要点

➤ 营业厅服务遵守首问责任制，履行一次告知义务。

➤ 服务过程中始终面带微笑。

➤ 使用文明礼貌用语，主动问候，耐心解释。

➤ 在迎客、示坐、填单、送客等过程中正确运用鞠躬、指导、递接等肢体语言。

迎客示坐

答复咨询

迎接单据

核对信息

2. 办公室服务

注意要点

➤ 提前告知客户约见时间以及需要准备的材料。

➤ 接待客户热情，到访客户礼貌、谦逊。

➤ 与客户沟通时，做到态度诚恳，用语规范，不随意打断客户讲话。

➤ 坐姿自然得体，不得有躺、卧等姿势。

➤ 单据、合同应字迹清晰，纸面整洁无褶皱。

接待客户

沟通协商

合同签订

友好示意

3. 现场服务

注意要点

➢ 接打电话时使用文明礼貌用语，铃响三声内接听，待客户挂机后再挂断电话。

➢ 提醒客户需要准备和配合的事项。

➢ 着装规范、佩戴安全帽，并携带相关证件。

➢ 主动出示工作证，遵守客户的保卫保密规定。

➢ 按客户要求规范停车。

预约客户

整理仪容

停车待检

出示证件

出入登记

规范停车

➤ 进行现场作业时要求客户相关人员随同检查。

➤ 当客户相关资料与现场不一致时，向客户确认并做好记录。

➤ 一次性告知存在问题和要求，向客户详细说明，取得客户的理解和支持。

➤ 填写单据时应字迹清晰，并请客户签收。

客户陪同

记录要点

指导检查

签字确认

Part 2

本篇分为居民光伏新装和非居民光伏新装两个部分，涵盖业务受理，现场勘查，接入方案制定、审查和答复，受理并网申请，合同签订，计量装置安装，并网验收，资料归档，客户回访等完整的环节，为工作人员的规范作业提供参考。

并网服务篇

一 居民光伏新装

居民光伏也称为自然人光伏，是指自然人利用自有房屋（建筑物）及附属的非农耕土地等场所，建设以380（220）V电压等级接入电网的分布式光伏发电系统。

居民分布式光伏发电项目属于第一类分布式光伏项目，并网电压一般为220V或380V，属于单点并网类项目。

本部分按照实际工作开展的流程，分为业务受理，现场勘查，接入方案制定、审查和答复，受理并网申请，合同签订，计量装置安装，并网验收，资料归档和客户回访9个部分。具体流程与时限要求如下：

工作流程及时限要求

本部分选取了全额上网（下文统称全额）和自发自用剩余电量上网（下文统称余电）两类分布式光伏项目的业务办理流程，对居民光伏新装的所有流程环节服务规范进行梳理归纳，为相关工作人员提供参考。

全额类分布式光伏项目需并行一个站用电流程，两个流程并行阶段对应如下：

小提醒

√ 全部自用和余电类分布式光伏项目业务办理流程完全相同。

两个流程并行阶段

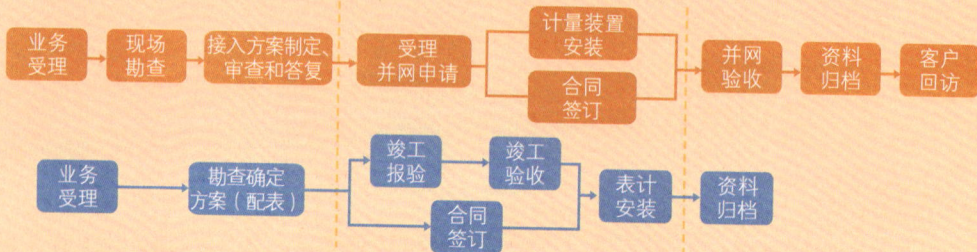

（一）业务受理

业务受理环节主要内容包括业务咨询、申请递交、资料查验、信息录入、客户告知和资料转存。

业务受理环节主要由营业厅负责，全额类项目需同步发起一个低压非居新装流程。

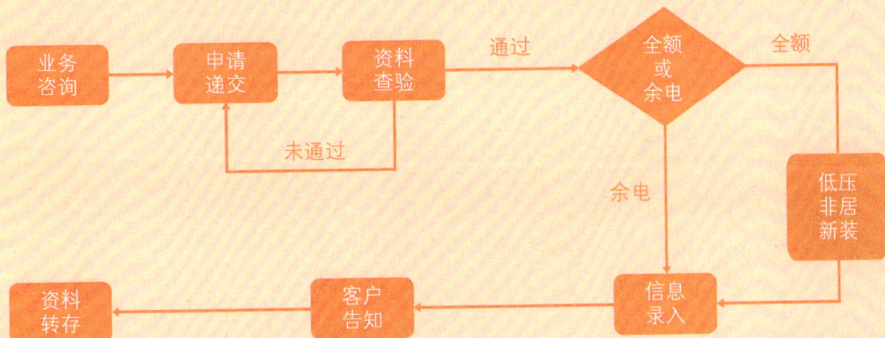

工作流程

业务咨询 → 申请递交 → 资料查验 → 通过 → 全额或余电 → 全额 → 低压非居新装

未通过

余电

信息录入

资料转存 ← 客户告知 ← 信息录入

1. 业务咨询/客户告知

负责岗位

营业厅业务受理人员

工作内容

● 若客户到营业厅咨询居民光伏业务，受理人员应详细询问客户业务需求，向客户提供《用电业务办理告知书（居民分布式电源并网服务）》，一式两份，一份交给客户，一份签字后留档。

用电业务办理告知书

（适用业务：居民家庭分布式光伏发电并网服务告知书）

尊敬的电力客户：

欢迎您到国网浙江省供电公司办理用电业务！为了方便您办理业务，请您仔细阅读以下内容。

一、业务办理流程

并网申请　→　接入系统方案确定　→　工程实施　→　并网验收

二、业务办理说明及注意事项

1．并网申请

请您按照《客户申请所需资料清单》要求提供申请资料。

我公司为分布式电源项目业主提供并网申请和咨询服务，并设立分布式电源专柜。您在收齐相关资料后，可到营业厅直接办理并网申请。

2．接入系统方案确定

受理您的申请后，我公司将按照与您约定的时间至现场查看接入条件，在40个工作日（其中分布式光伏发电单点并网项目20个工作日）内答复接入系统方案。您确认的接入系统方案等同于接入电网意见函。

3．工程实施

请您按照我公司签署的接入系统方案进行建设。

工程竣工后，请您及时验收，我公司自受理并网验收申请之日起，在10工作日内完成电能计量装置的安装和发用电合同等相关合同的签署工作。

4．并网发电

我公司在电能计量装置安装、合同签署完毕后，10个工作日内组织并网验收及调试工作，对并网验收合格的，出具并网验收意见；对并网验收不合格的，提出整改方案。并网验收及调试通过后，分布式发电项目并网运行。

5．其他事项

（1）由您出资建设的分布式电源及接入系统工程，其设计单位、施工单位及设备材料供应单位应由您自主选择。

（2）我公司为您提供居民光伏项目上网电费结算和政府补贴资金转付服务，您应按照当地税务部门规定，持经办人身份证明、电量结算单、发用电合同等到当地税务部门开具发票，我公司将依据电量结算单和发票进行结算。

工作内容

● 履行一次告知制，一次性告知客户业务办理流程、申请所需资料清单以及相关注意事项等信息，并由客户签字确认。

● 根据客户需要，提供项目同意书、开工许可同意书、房屋归属证明等文件模板，供其签字或盖章。

● 若客户提供资料已通过审核且流程已发起，受理人员应结合用电业务办理告知书向客户说明后续业务流程、各流程办理时限、办理要点、客户所需配合事项、供电公司职责等信息，并由客户签字确认。

履行一次告知义务

提供证明文件模板

居民光伏业务受理环节客户所需提供资料清单

业务环节	序号	资料类别	资料名称	是否必备	备注
业务受理	1	申请表	居民家庭分布式光伏发电项目并网申请表（浙电营43-2015）	必备	
	2	项目同意书	关于同意××居民家庭申请安装分布式光伏发电的项目同意书（浙电营43-2015附表1）		由建设在公寓等住宅小区的共有屋顶或场所的项目提供
	3		关于同意××居民家庭申请分布式光伏发电项目开工的许可意见（浙电营43-2015附表2）		
	4		居民光伏项目的项目同意书（浙电营43-2015附表3）		
	5	自然人有效身份证明	身份证、军人证、护照、户口簿或公安机关户籍证明	必备	
	6	产权证明	房屋所有权证、国有土地使用证、集体土地使用证	必备	提供其中之一
	7		《购房合同》		
	8		含有明确房屋产权判词且发生法律效力的法院法律文书（判决书、裁定书、调解书、执行书等）		
	9		若属农村用房等无房屋产权证或土地证的，可由村委会或居委会出具房屋归属证明		
	10	经办证明	经办人有效身份证明文件及委托书原件		委托代理人办理
	11	财务信息	银行账号信息	必备	

典型场景应答

客户询问业务办理流程：

问 你好！我想要在家里安装光伏发电的设备，要怎么办理啊？

答 您好！您可以先找光伏安装公司帮您确认光伏安装的位置、容量等信息，然后，来我公司营业厅办理居民家庭分布式光伏发电项目的并网申请，提供所需的证明材料。随后，供电公司会安排人员上门勘查，确认接入方案，您可以根据方案采购合格的设备，委托符合资质的安装公司进行安装。工程实施完成后，来营业厅申请并网，由供电公司安排签署合同和表计安装，在并网验收和调试通过后并网发电。

客户询问业务办理周期：

问

你好！请问申请办理居民光伏项目需要多久啊？

答

　　您好！在受理了您的光伏业务申请后，我公司客户经理将会在20个工作日内，答复您接入方案。然后，您可以根据接入方案安排光伏设备的安装和施工，在施工完成后，可以申请并网验收。在受理您的并网申请后，我公司会在5个工作日内完成计量装置的安装和发用电合同的签订。并且，在安装和签订完成后的5个工作日内完成并网验收和调试工作。并网验收调试通过后，即可并网发电。

客户询问居民光伏经济效益：

问

你好！我在家安装居民分布式光伏合算吗？

答

　　您好！分布式居民光伏项目的经济效益问题与您项目投资金额、选择的消纳方式、实际光照情况等都有关。国家电网公司仅为客户提供居民光伏项目上网电费结算和政府补贴资金转付服务，并依据电量结算单和发票进行结算。上网电费价格和补贴价格都是以国家和省市县各级政府发布的规范性文件为准，国家电网公司不会额外收取费用。具体的经济效益情况，您可以委托专门的光伏安装或服务公司为您测算。

客户询问电费及补贴结算事宜：

问

你好！请问光伏项目完成后，电费如何结算啊？

答

　　您好！供电企业为居民分布式光伏项目提供代开普通发票服务。我们会按合同约定的结算周期抄录上网电量和发电量，按照规定的上网电价、补贴标准，计算应付上网电费和补助资金。并且，在当月将应付电量电费及补助资金的信息以结算单形式邮寄给居民光伏业主，在当月月末前通过转账方式完成应付上网电费和补助资金的支付。

小提醒

√　具体电费结算流程可参考运行管理篇电费结算部分。

注意要点

➤ 国家电网公司职责：为客户提供居民光伏项目上网电费结算和政府补贴资金转付服务，并依据电量结算单和发票进行结算。

➤ 费用收取：国家电网公司在并网及后续结算服务中，不收取任何服务费用。

➤ 专属服务：居民光伏业务的办理将由国家电网公司安排专属客户经理，全程负责。

➤ 项目备案：对于居民光伏项目，国家电网公司将免费代客户向政府备案。

➤ 三不指定：不得向客户指定或推荐光伏设备的供货公司、安装公司和设计公司。

服务规范

➤ 参照《电力营销一线员工作业一本通　营业窗口　（第二版）》内服务规范，严格执行。

2. 申请递交

负责岗位

营业厅业务受理人员

工作内容

● 客户在营业厅业务受理人员指导下，填写居民家庭分布式光伏发电项目并网申请表。

● 根据项目具体需要，提供相应的证明材料（已签字盖章），以及所需的身份证明材料、产权证明材料等。

● 申请表一式两份，双方签字盖章后，一份交客户，一份存档。

指导客户填写表单

客户提交所需资料

主要表单填写规范：

居民家庭分布式光伏发电项目并网申请表（填写示例）

（1）填写基本信息：申请日期如实填写；安装地址尽量详细，空格以"/"代替。

（2）填写项目信息：房屋情况、安装容量、家庭供电电源和用电情况、计划开工和投产时间都照实填写，勾选意向的消纳方式。

（3）双方签字盖章。

关于同意XX居民家庭申请安装分布式光伏发电的项目同意书（填写示例）

若项目建设在公寓等住宅小区的共有屋顶或场所，需要提供如图所示的证明材料：

由小区业主委员会、居委会或村委会开具。

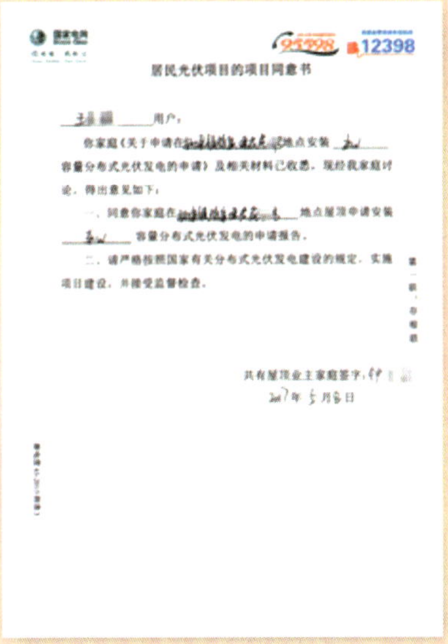

居民光伏项目的项目同意书（填写示例）

涉及共有屋顶或场所的项目，需要提供如图所示的证明材料：

居民光伏项目的项目同意书

[illegible]用户：

你家庭《关于申请在[illegible]地点安装[illegible]容量分布式光伏发电的申请》及相关材料已收悉。现经我家庭讨论，得出意见如下：

一、同意你家庭在[illegible]地点屋顶申请安装[illegible]容量分布式光伏发电的申请报告。

二、请严格按照国家有关分布式光伏发电建设的规定，实施项目建设，并接受监督检查。

共有屋顶业主家庭签字：[illegible]

[illegible]年[illegible]月[illegible]日

项目所用屋顶的相关人都需要出具。

关于同意XX居民家庭申请分布式光伏发电项目开工的许可意见（填写示例）

住宅小区由小区物业提供，农村地区由村委会提供。

其他证明材料

● 自然人有效身份证明文件：身份证、军人证、护照、户口簿或公安机关户籍证明。

● 房屋产权证明材料：

若农村用房等无房屋产权证或土地证的，可由村委会或居委会出具房屋归属证明。

● 经办证明材料：

若由他人代为办理，需提供经办人有效身份证明文件及委托书原件。

房屋归属证明

_____供电公司：

位于浙江省_____市_____县（市、区）_____乡（镇、街道）_____村（或_____小区）的__幢__号房屋，其土地性质 是/否 集体土地、是/否 宅基地，房屋依法合规建设，但无该房屋产权证明，依据《浙江省人民政府办公厅关于推进浙江省百万家庭屋顶光伏工程建设的实施意见》（浙政办发〔2016〕109 号）产权归属证明材料的有关规定，特证明该房屋归属居民_____（身份证号：_____）所有，房屋归属无争议。

此致

敬礼

_____村委会（居委会）：公章

年　　月　　日

3. 资料查验

负责岗位

营业厅业务受理人员

工作内容

● 对照资料清单，逐项核查客户提供资料及其内容。

注意要点

● 收到客户提交资料后，当面完成资料查验，若资料有缺，需当面一次性告知。

● 核查客户已提交资料的完整性、合法性、有效性。

● 房屋合法产权证明文件上地址与项目地址应一致。

● 表单中任何签名应保证是本人亲笔签名，不能用签名章代替签字。

● 盖章时，一律使用红色印泥，印章要清晰、鲜明。

4. 低压非居新装流程发起

负责岗位

营业厅业务受理人员

工作内容

- 指导客户通过掌上电力APP，申请低压非居新装业务。

- 若客户已注册账号，可直接登录；若未注册，需先注册后申请。

小提醒

√ 全额类居民光伏项目在光伏流程进行的同时，还需要并行一个低压非居新装业务。在受理环节，需进行
该流程的发起。

√ 全额类项目的低压非居新装流程，将为后续的光伏业务流程提供户号。

5. 信息录入

负责岗位

营业厅业务受理人员

工作内容

● 根据客户提供资料，将信息录入营销系统。

● 录入信息包括发电申请信息、客户联系信息、关联用户信息、发电资料和账务信息。

● 在信息录入过程中，需注意关键信息点的录入，否则会影响电费结算工作的开展。

需注意的关键信息点如下：

信息类型	信息点	错误原因	导致后果	备注
发电申请信息	必填字段	错误或遗漏	分布式电源档案数据与财务管控系统数据同步失败	
客户联系信息	证件类型与号码	错误或遗漏	普通发票无法开出	
账务信息	发票类型	填错相应类型	结算电费时开票税额出错	居民票据类型为普通发票
	开户银行	与开户账号不一致	财务汇款将会被退回，无法及时到账	
	账户名称			

发电申请信息的录入操作

【业务受理】 》【分布式电源项目新装】

| 发电申请信息 | 客户自然信息 | 客户联系信息 | 关联用户信息 | 发电资料 | 账务信息 | 项目信息 |

发电申请信息

•客户编号：499	客户名称：褚	
•业务类型：分布式电源项目新装	•申请方式：柜台服务	发电客户编号：329
•发电客户名称：褚		申请编号：1706
•发电地址：浙江省嘉兴市平湖市 号		•发电量消纳方式：自发自用余电上网
•客户类别：居民客户	纳税人类型：非一般纳税人	投资模式：其他
•申请容量： 6.05 kW	•服务区域：当湖供电所	•中央补助：度电补助
•省级补助：是	•市级补助：否	•县级补助：是
•用户行业分类：(9920) 乡村居民	•并网电压：交流220V	•发电方式：光伏发电
光伏扶贫标志：非光伏扶贫		
申请原因：		
申请备注：金 光伏明 电138		

打印　保存　发送　返回

1. 根据客户提交资料，输入 "发电客户名称"。

2. 点击 "发电地址" 查询按钮，选取结构化地址，并输入门牌号 。

3. 根据实际情况选择 "发电量消纳方式" "客户类别" "纳税人类型" "投资模式" 和 "服务区域" ，填写 "申请容量" 。

发电申请信息的录入操作

1. "中央补助"选择"度电补助"，按实际情况，选择省市县三级补助。

2. 按实际情况，选择"用户行业分类"和"并网电压"，"发电方式"选择"光伏发电"。

3. 按实际情况，选择"光伏扶贫标志"。

4. "申请备注"：若有需要，写明具体情况，例如代办单位联系人信息等。

5. 点选"保存"，自动生成"客户编号""发电客户编号"和"申请编号"。

发电申请信息的录入操作

【结构化地址查询界面】按实际情况，选择"结构化拼接地址"，输入门牌号后生成用电地址；若查询无结果，可以点击"地址新增"，进行维护。

【用户行业分类】 按照发电地址所属区域选择"乡村居民"或"城镇居民"。

小提醒

✓ 信息填写完成后，需仔细核对必填字段，若出现错误或遗漏，会导致营销系统与财务系统档案无法同步。

客户联系信息的录入操作

1. 选择【客户联系信息】选项卡。
2. "客户类型"选取"自然人"，"客户关系"依据实际情况选取"户主/亲属/租户"等。
3. 输入"客户名称"和"手机号码"。

客户联系信息的录入操作

1. 选择"证件类型",并输入证件号码;
2. 点击"保存",在【证件信息维护】栏中出现输入的证件信息;
3. 若需要添加其他联系人,点击"新增",输入相关信息并保存。

小提醒

✓ 信息填写完成后,需仔细核对客户证件类型与证件号码。若出现错误或遗漏,会导致普通发票无法开出。

关联用户信息的录入操作

1. 选择【关联用户信息】选项卡。
2. 在"用户编号"中输入需要关联的户号，点击回车键，自动生成"用户名称"和"用电地址"。
3. 点击"保存"按钮。

小提醒

✓ 余电类项目用户编号填写户主原有户号，全额类项目用户编号填写低压非居新装流程生成的户号。

发电资料的录入操作

| 发电申请信息 | 客户自然信息 | 客户联系信息 | 关联用户信① | 发电资料 | 账务信息 | 项目信息 |

| 发电资料 |

资料编号	资料类别	资料名称	份数	业务环节	接收人	接收时间	资料是否合格
20480185284	其他	身份证	1 业务受理		汤亚剑	2017-06-06	是
20480185138	产权证明	产权证明	1 业务受理				是

② 资料编号： 20480185284　　　*资料名称： 身份证
　*资料类别： 其他　　　　　　*份数：　　　　　1　　　*资料是否合格： 是

③ 接收人： 汤█　　　　　　　接收时间： 20 █████

存放位置：　　　　　　　　　电子文件位置：

电子文件路径：　　　　　　　　　　　　　　　　　　　　　　　　　浏览...

审查意见说明：

资料说明：

查看　新增　保存　删除　打印　返回

1. 选择【发电资料】选项卡。

2. 按照实际录入资料情况，选择"资料名称""资料类别""份数"，"资料是否合格"选择"是"。

3. 填写接收人，点击"保存"按钮，自动生成"接收时间"。若需继续添加资料，点击"新增"按钮后，重复以上步骤。

小提醒

✓ 居民光伏业务一般需录入身份证明材料和产权证明材料。

账务信息的录入操作

| 发电申请信息 | 客户自然信息 | 客户联系信息 | 关联用户信息 | 发电资① | 账务信息 | 项目信息 |

开户银行	账户名称	开户账号	电费支付方式	票据类型	税率
浙江平湖〇	褚〇	623091〇	转账	普通发票	

② *开户银行：浙江平湖〇　　　*账户名称：褚〇　　　*开户账号：62309〇

③ *电费支付方式：转账　　　*票据类型：普通发票

　开票单位：

④ [保存] [删除] [返回]

1. 选择【账务信息】选项卡。

2. 点击"开户银行"查询按钮，在对话框内查询并选择相应的银行，输入"账户名称"和"开户账号"。

3. "电费支付方式"选择"转账"，"票据类型"选择"普通发票"。

4. 点击"保存"。

小提醒

✓ 客户提供的银行账户必须带有银行卡。

✓ 开户行信息必须保证正确，若系统中无法查到用户提供的开户行信息，业务受理人员需记录完整的开户行信息，并提供给系统管理员。系统管理员在系统信息维护后，补录账务信息。

✓ 信息填写完成后，需仔细核票据类型、开户银行和账户名称。若这些信息错误，会导致开票税额出错或电费回款被退回。

业务受理信息发送操作

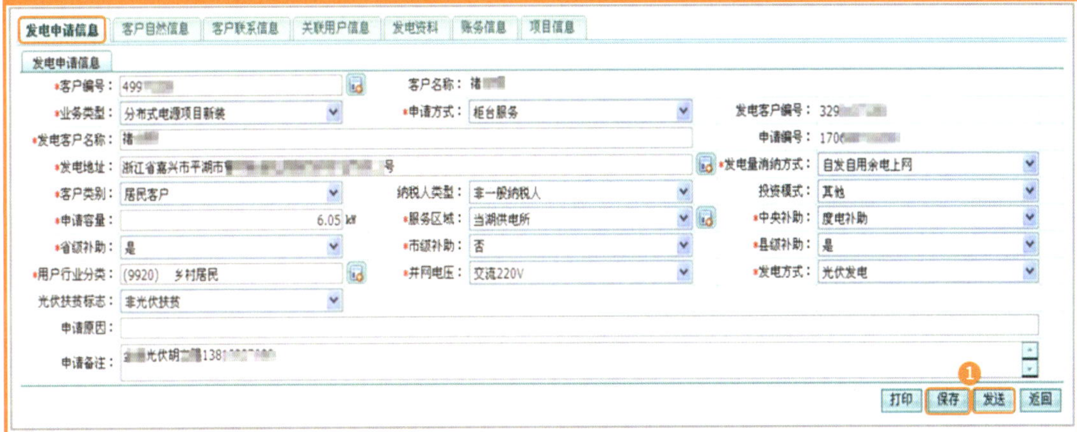

选择【发电申请信息】选项卡，点击“保存”及“发送”按钮。

小提醒

✓ 信息录入时限要求：业务受理当天完成。

6. 资料转存

负责岗位

营业厅业务受理人员

工作内容

- 将客户提交及填写的申请资料整理、移交至档案管理员进行资料建档。

- 将申请资料抄送至低压客户经理班，以便开展后续工作。

小提醒

√ 资料转存需在业务受理后2个工作日内完成。

注意要点

➢ 单独存档：光伏项目的存档执行一户一档制度，每个项目单独存档，不与关联用户共用一份档案。

（二）现场勘查

现场勘查环节的主要内容包括勘查派工、勘查准备、现场勘查和信息录入。

现场勘查环节按照项目属地的不同，分别由客户服务中心的低压客户经理班或供电所的营配班负责。

由班长安排派工，班组成员负责勘查前的准备工作、现场的勘查工作以及将勘查获得的信息录入营销系统。

1. 勘查派工

负责岗位

低压客户经理班或营配班班长

工作内容

● 由低压客户经理班或营配班班长根据班内成员实际情况，合理安排，按工作流程分派工作给相应的班组成员。

小提醒

√ 若是全额类居民光伏项目，并行的低压非居新装流程也需要进行现场勘查。为了节约时间和资源，建议由班长与服务快速响应中心沟通后安排在相同时间进行。

勘查派工系统操作

【工作任务】》【代办工作单】

1. 勾选"待派工任务"，选择"接收人员"。
2. 点击"发送"和"确定"按钮。

2. 勘查准备

负责岗位

低压客户经理或营配班成员

（1）查验资料。

工作内容

● 核查系统内客户信息、资料的完整性，如存在问题应立即联系客户进行确认。

● 通过营销系统查询客户提交的项目申请资料和项目关联客户的相关资料，了解、掌握客户的地址、预计的并网容量、意向的消纳方式等基本信息。

● 结合台区线路图等资料，预先判断客户的小区类型、可能的接入方式（架空或电缆）等情况，做好相应的准备工作。

在营销系统内查询相关信息

（2）典型设计。

工作内容

● 居民分布式光伏项目的设计方案统一使用国家电网公司发布的典型设计。

● 本书参考了国网嘉兴供电公司发布的《居民光伏接入系统典型设计》。

● 典型设计内容包括通用设计依据、设计原则、220V单相/400V三相居民光伏并网箱典型设计以及不同布置方式的并网装置图。

居民光伏接入系统典型设计

国网嘉兴供电公司
20 年 月

典型设计文件

（3）确认并网箱接线图。参照典型设计的要求，根据居民分布式光伏项目的消纳方式，确认并网箱接线图。

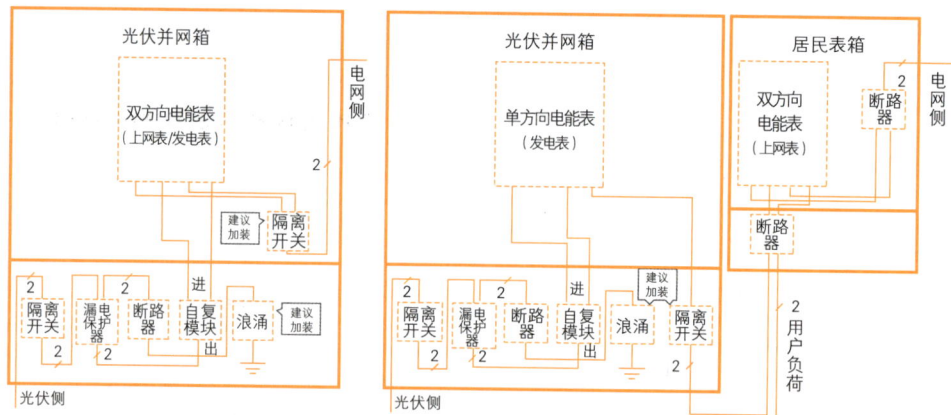

全额类项目并网箱接线图

余电类项目并网箱接线图

小提醒

√ 考虑到安全隔离因素，建议在电网侧加装1把隔离开关。

√ 考虑到屋顶光伏设备雷击因素对电能表的影响，建议加装1个浪涌保护装置。

（4）预约客户。

● 与客户沟通确认现场勘查时间。

● 预约时应充分考虑客户合理需求，对客户的询问进行合理解释。

（5）打印现场勘查工作单。

● 现场作业人员在实施现场勘查前，应打印分布式光伏发电现场勘查工作单。

（6）准备工器具。

● 准备好安全帽、测距仪、照明工具、卷尺、分支箱钥匙等工器具。

安全帽　　测距仪　　照明工具

国家电网
STATE GRID

分布式光伏发电现场勘查工作单

95598

申请号	17031	客户编号	4916
客户名称	杨	联系人	杨
客户地址	浙江省嘉兴市平湖市	联系电话	15706735302
行业类别	乡村居民	申请日期	2017
原有用电容量		本次装机容量	2.
重要性等级		申请备注	全额上网、补贴等发改委目录下发，脱扣

以下由勘查人员现场填写

变电站	线路	线路杆号/专线	供电电压(kV)	供电能力(kVA)	备注

产权分界点

功率因数标准		无功补偿(千乏)	

并网点信息

并网点编号		容量		并网变压器		容量	

计量计费方式	计量组号	计量点电压	电价类别	电能表		电流互感器		电压互感器	
				类型	产权	变比	产权	变比	产权

是否安装采集装置		安装采集装置类型	
接入方案简图		勘查意见	

勘查人：		勘查日期：	

国网浙江省电力公司

3．现场勘查

负责岗位

低压客户经理或营配班成员

（1）现场信息核实。

工作内容

● 通过调查核对，了解客户姓名、用电地址、联系电话等信息是否与客户提供的申请资料一致。

● 根据客户意愿以及实际发电和用电情况，确认光伏项目的消纳方式。

● 若由光伏公司或其他单位代办，需确认经办人信息与申请材料一致。

核对项目地址

确认项目信息

（2）勘查要点确认。

1）按就近原则确定供电电源，包括台区名称、接入分支箱编号或落户杆号等。

台区名称

分支箱编号

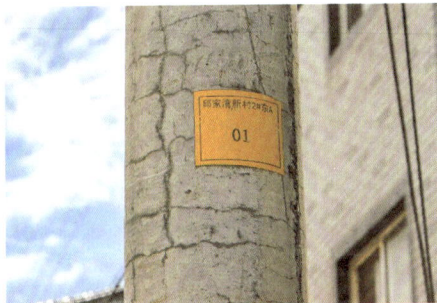

落户杆号

小提醒

√　站用电的计量点位置优先考虑设置在原居民用电计量点附近。

2）确定并网容量、并网电压、接线路径。

并网容量计算公式

并网容量=单个光伏板容量×可装光伏板数量

（单个光伏板容量和可装光伏板数量由光伏公司测算后给出）

根据并网容量确定并网电压：

- 若并网容量不大于8kW，选择220V单相并网；
- 若容量大于8kW且小于40kW，选择380V三相并网。

按简洁原则选择接线路径，走线要求横平竖直。

3）确定并网点位置。按照消纳方式选择：

- 全额类项目并于低压用户计量进线侧；
- 余电类项目并于低压用户计量出线侧。

4）确定并网箱的材质和尺寸。依据典型设计要求，并网箱材质一般要求SMC材料，尺寸满足两仓位要求。

5）确定并网箱内设备配置和布线。并网箱内部设备必须包含隔离开关（光伏侧）1把、漏电保护器1个、自复模块1个、小型断路器1个。

小提醒

√ 有条件的地区，自复模块及其串联的断路器可用带失压脱扣且检有压自动合闸功能的断路器代替。

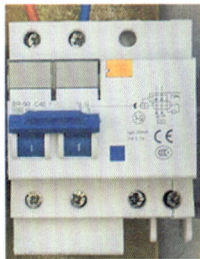

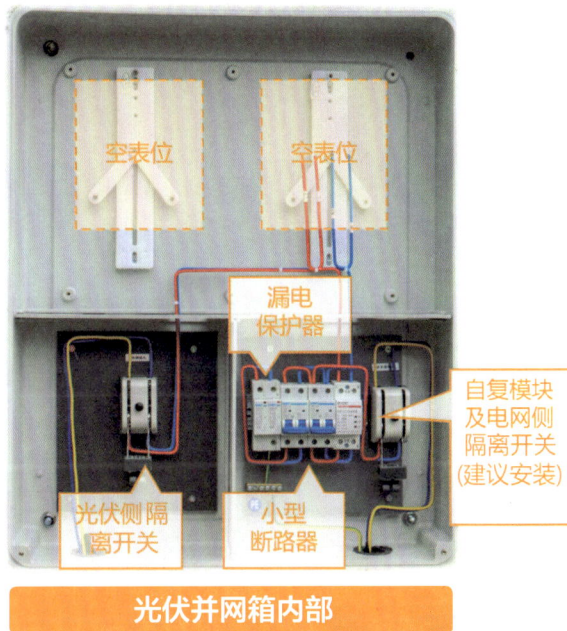

空表位　空表位

漏电保护器

自复模块及电网侧隔离开关（建议安装）

光伏侧隔离开关　小型断路器

光伏并网箱内部

61

（3）填写工作单。依据勘查内容，填写现场勘查工作单并由客户签字确认。

填写要点

➤ 供电电源信息、并网点信息、接入方案简图和勘查日期。

（4）安全措施及注意事项。

注意事项

➤ 现场勘查工作至少两人共同进行，实行现场监护。

➤ 进入客户设备运行区域，必须穿棉质工作服、戴安全帽，并携带必要照明器材。

➤ 需攀登杆塔或梯子（临时楼梯）时，要落实防坠落措施，并在有效的监护下进行。

小提醒

√ 其他安全措施及注意事项可参考"电力营销一线员工作业一本通"丛书的业扩报装、用电检查等分册相

关内容。

4. 信息录入

负责岗位

低压客户经理或营配班成员

（1）低压非居新装业务（站用电流程）。

工作内容

● 此低压非居新装业务流程与全额类居民光伏业务并行，现场勘查环节的信息录入操作与普通低压非居新装业务基本相同，仅有部分信息选择不同。

信息录入要点

【工作任务】》【代办工作单】》【低压非居民新装】》【勘查确定方案（配表）】》【勘查方案】》【用电申请信息】

1. "行业分类"选择"其中：电厂生产全部耗用电量"。

信息录入要点

【工作任务】》【代办工作单】》【低压非居民新装】》【勘查确定方案（配表）】》【计费方案】

1. 点击"执行电价"查询，在弹出的对话框内，"供电单位"选择"国网浙江省电力公司"，"用电类别"选择"一般工商业"，"电压等级选择"220至380伏"，点击查询。
2. 选择"一般工商业及其他（公用电厂）"，点击"确定"按钮。

信息录入要点

【工作任务】》【代办工作单】》【低压非居民新装】》【勘查确定方案（配表）】》【计量方案】

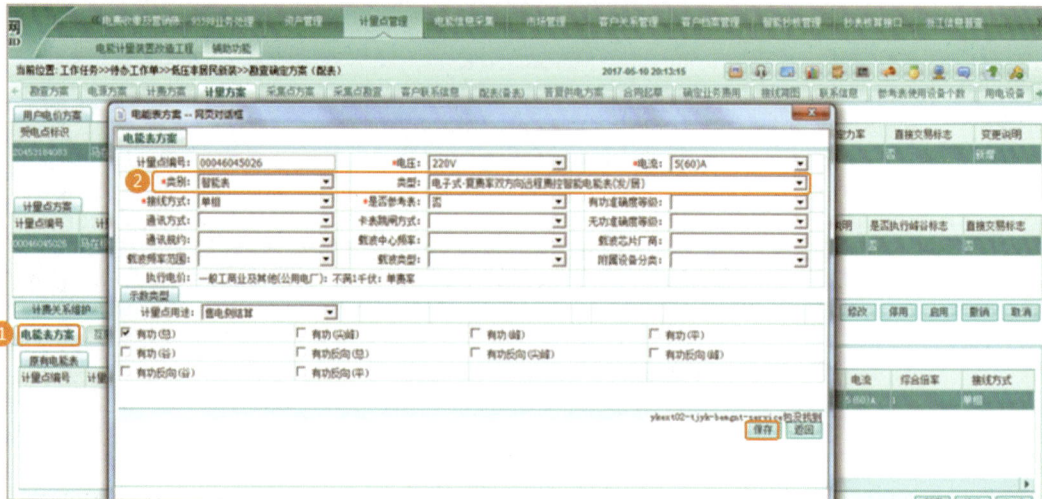

1. 点击"电能表方案"查询按钮。

2. 在弹出的对话框中，"类型"选择"电子式一复费率双向远程费控智能电能表（发/居）"，点击"保存"按钮。

信息录入要点

【工作任务】》【代办工作单】》【低压非居民新装】》【勘查确定方案（配表）】》【计量方案】

　　全额类居民光伏项目中，低压非居新装和居民光伏所用电能表为同一块表计。为保证后续操作顺利进行，站用电流程中计量点方案设置的"接线方式""电压等级"和"电能计量装置分类"必须与光伏流程中一致。

（2）居民分布式电源业务（光伏流程）。

工作内容

● 低压客户经理在完成现场勘查后，需将搜集的资料录入营销系统，并完成接入方案的初步内容，例如计费方案、计量方案、采集点方案等。

● 在营销系统内，现场勘查环节共包括11个选项卡，具体操作涉及【勘查方案】、【项目信息】、【并网点方案】、【计费方案】、【计量点方案】、【采集点方案】、【关联用户信息】和【用电户计费计量信息】8个选项卡。

● 根据不同的消纳方式，全额类和余电类项目在【计量点方案】选项卡的操作过程不同，【采集点选项卡】的操作结果略有不同，其他选项卡操作全部一致。

【勘查方案】选项卡

勘查方案　项目信息　并网点方案　计量方案　计量点方案　接入方案图　关联用户信息　采集点方案　采集点勘察　电厂信息　用电户计费计量信息

发电申请信息

申请编号：17█████　　　　　　　发电客户编号：329█████　　　　　　业务类型：10（6）kV分布式光伏项目新装

发电客户名称：叶████　　　　　　　　　　　　　　　　　　　　　　　受理时间：2017-0█████

发电地址：浙江省嘉兴市平湖市█████████　　　　　　　　　　　　受理部门：营业班

发电方式：光伏发电　　　　　　　发电量消纳方式：全额上网

申请容量：　　　　　　　　3.64 kVA　　原有容量：　　　　　　0 kVA　　当计容量：　　　　　　　3.64 kVA

备注：全额上网，补贴等发改委目录下来。业务员：全████████

勘查信息

*勘查人员：倪████　　　　　　　　　*勘查日期：2017 ██ █　　　　　　　*有无违约用电行为：　无

用户重要性等级：　　　　　　　　　必备资料是否齐全：　　　　　　　　客户经理：

① *勘查意见：　同意

违约用电行为描述：

勘查备注：

重要用户档案描述：

保存

多次勘查　打印　发送　返回

---

1. 在"勘查意见"栏填写"同意"，点击"保存"按钮。

【项目信息】选项卡

依据现场勘查核实和收集的资料，填写项目信息，必填项包括项目批复文号、项目名称、项目金额、项目联系人、项目地址、项目投资方、联系人电话、计划投产时期、核准要求、设计年发电量、预计年发电量、项目开工建设时间、电价或租金、项目类型，共14项。

1. 输入"项目批复文号"，若没有批复文号，可填写"待补充"。

小提醒

✓　项目批复文号一般要在地方发改委备案并由地方经济和信息化委员会发文后获得。

【项目信息】选项卡

1. 输入"项目名称""项目金额""项目联系人""项目地址""项目投资方""联系人电话"。

2. 按实际情况选择"计划投产日期""设计年发电量"和"预计年发电量"。

3. 根据核准单位的级别选择"县区级备案"或"地市级核准"。

小提醒

✓　　"设计年发电量"和"预计年发电量"单位为"万kWh"。

【项目信息】选项卡

1. "电价或租金"填写上网电量每千瓦时的收购价格。

2. "项目开工建设时间"按实际情况填写，若尚未确定，则填写预计的开工建设时间。

3. 点击"项目类型"查询按钮后，选择"光伏发电"，点击"保存"按钮。

小提醒

✓ 根据《关于进一步明确光伏发电价格政策等事项的通知》（浙价资〔2014〕179号）的规定，分布式光伏发电系统上网的电量由电网企业按照浙江省燃煤机组标杆上网电价收购。

【并网点方案】选项卡

【并网点方案】选项卡中，包括【公共连接点方案】、【接入点方案】、【并网点方案】三个子选项卡。

【公共连接点方案】子选项卡操作步骤如下：

1. "公共连接点类型"选择"公变"，"公共连接点性质"选择"主用"，"接入电压"根据公共连接点所处位置选择"交流220V"或"交流380V"。
2. 点击"台区"查询，根据现场勘查结果，选择对应台区，并按实际情况选择"进线方式"，填写"进线杆号"。
3. "产权分界点"选择"接户线用户端最后支持物"，按实际情况选择"保护方式"，点击"保存"按钮。

小提醒

✓ 公共连接点、接入点和并网点定义参见服务基础篇的专业术语辨析。

【并网点方案】选项卡

【接入点方案】子选项卡操作步骤如下：

1. 点击"接入点方案"选项卡。
2. 输入"接入点名称"，按台区实际情况，填写"接入点容量"；"接入点电压"根据光伏逆变器类型选择，点击"保存"按钮。

小提醒

✓ "接入点名称"建议输入项目名称。

✓ 单相光伏逆变器对应"交流220V"，三相光伏逆变器对应"交流380V"。

【并网点方案】选项卡

【并网点方案】子选项卡操作步骤如下：

1. 点击"并网点方案"选项卡。
2. 输入"并网点名称"，根据光伏逆变器类型选择"并网点电压"；若没有"项目批复文号"，选择"待补充"；按实际情况填写"并网点容量"，点击"保存"按钮。

小提醒

✓　"并网点名称"建议输入项目名称。

✓　单相光伏逆变器对应"交流220V"，三相光伏逆变器对应"交流380V"。

【计费方案】选项卡

居民光伏项目电价包含上网部分和补贴部分。

部分	名称	单位	说明
1	分布式电源/燃煤机组标杆电价	元/kWh	供电公司给予上网电量支付的购电价格
2	分布式电源/补贴标准	元/kWh	国家及省给予分布式电源发电量的补贴价格

小提醒

✓ 全额类居民光伏项目上网电量与发电量相同，余电类项目发电量为上网电量与自用电量之和。

【计费方案】选项卡

1. 点击【计费方案】选项卡，"定价策略类型"选择"单一制"，点击"保存"按钮。
2. 点击"执行电价"查询，在弹出的对话框中选择电价。

【计费方案】选项卡

1. 在弹出的对话框中，"供电单位"选择"国网浙江省电力公司"，"用电类别"选择"分布式能源"，"电压等级"选择"220至380伏"。

2. 点击"查询"按钮，选择"分布式电源/燃煤机组标杆电价"，点击"确定"按钮，回到【计费方案】选项卡。

【计费方案】选项卡

1. 点击"新增"按钮，点击"执行电价"查询。在弹出对话框中，"供电单位"选择"国网浙江省电力公司"，"用电类别"选择"分布式能源"，"电压等级"选择"220至380伏"。

2. 点击"查询"按钮，选择"分布式电源/补贴标准"，点击"确定"按钮，回到【计费方案】选项卡，点击"保存"按钮。

【计量点方案】选项卡

【计量点方案】的设置分为两个部分：

① 针对上一步设置的两个【计费方案】，设置不同的【计量点方案】；

② 针对这两个【计量点方案】，设置相应的【电能表方案】和【计量柜、箱方案】。

计费方案与计量点对应关系如下：

编号	计费方案	计量点
1	分布式电源/燃煤机组标杆电价	上网点
2	分布式电源/补贴标准	发电点

小提醒

✓ 上网点计量的电量为光伏系统上网电量，发电点计量的电量为光伏系统总发电量。

✓ 供电公司按燃煤机组标杆电价收购上网电量，国家和省级补贴按总发电量发放。

【计量点方案】选项卡：A. 全额类【计量点方案】设置

全额类项目的【计量点方案】设置分为以下四个阶段：

① 站用电流程的【计量点方案】设置；

② 上网点【计量点方案】设置；

③ 发电点【计量点方案】设置；

④ 发电点【电能表方案】设置。

小提醒

✓ 全额类居民光伏项目中，并网表箱既是光伏流程中发电点的计量箱又是站用电流程中计量点的计量箱。该表箱的【计量柜、箱方案】建议在并行的站用电流程中完成，因此，发电点无需重复设置【计量柜、箱方案】。

全额类【计量点方案】设置

1. 完成站用电流程的【计量点方案】设置。

2. 光伏流程中，点击【计量点方案】选项卡，选中"分布式电源/燃煤机组标杆电价"，即上网点电价方案，点击"修改"按钮。

小提醒

✓ 站用电流程的【计量点方案】设置与普通低压非居新装项目完全一致。

全额类【计量点方案】设置

1. 在弹出的对话框中，修改"计量点名称"，加上"（上网）"后缀，"计量点分类"选择"电厂关口"，"主用途类型"选择"上网关口"。

2. 点击"台区"查询按钮，选中默认的一条台区信息，点击"确认"按钮。

3. 按照实际情况，填写"计量方式""接线方式""电压等级""电能计量装置分类"等信息。

小提醒

✓ 由于全额类项目光伏流程和站用电流程所用表计为同一块表计的正反方向，两个流程中【计量点方案】的"接线方式""电压等级"和"电能计量装置分类"必须一致。

✓ "主用途类型"必须选择"上网关口"。

全额类【计量点方案】设置

1. 【计量点计费信息】选项卡中，"电量计算方式"选择"定量"，"定量定比值"输入"0"，点击"保存"按钮，回到【计量点方案】选项卡。

小提醒

✓ 由于上网点【计量点方案】中"电量计算方式"选择了"定量"，因此无需设置上网点的【电能表方案】和【计量柜、箱方案】。

✓ 至此，上网点的计量点方案设置完成。

全额类【计量点方案】设置

1. 选中"分布式电源/补贴标准",即发电点电价方案,点击"修改"按钮。

2. 在弹出的对话框中,修改"计量点名称",加上"(发电)"后缀,"主用电类型"选择"发电关口",点击"保存"按钮,回到【计量点方案】选项卡

小提醒

✓ "主用电类型"必须选择"发电关口"。

✓ 至此,发电点计量点方案设置完成。

全额类【计量点方案】设置

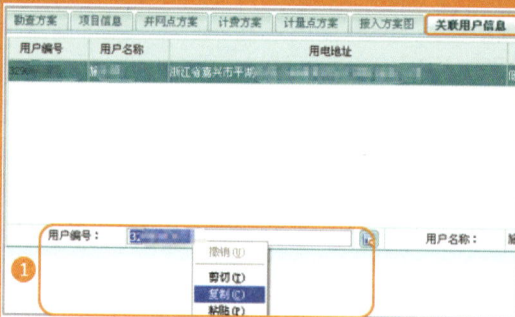

1. 点击【关联用户信息】选项卡，复制"关联用户用户编号"。

2. 点击【计量点方案】选项卡，点击发电点对应的【电能表方案】子选项卡，点击"新增"按钮。在弹出的对话框中，点击【计量点电能表关系】标签卡，将"关联用户用户编号"粘贴至"用户编号"栏。

3. 点击"查询"，勾选出现的一条出厂编号为空的电能表信息，点击"保存"按钮，回到【计量点方案】标签卡。

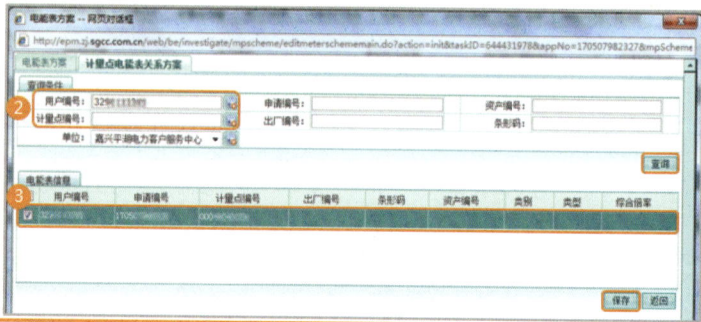

全额类【计量点方案】设置

1. 选中发电点新增的【电能表方案】，点击"修改"按钮。在弹出的对话框中，将"示数类型"修改为"有功反向（总）"，并保存。

小提醒

✓ 至此，发电点【电能表方案】设置完成，且全额类居民光伏流程的【计量点方案】设置完成。

【计量点方案】选项卡：B. 余电类【计量点方案】设置

余电类项目的【计量点方案】设置分为以下五个阶段：

① 上网点【计量点方案】设置；

② 发电点【计量点方案】设置；

③ 发电点【电能表方案】、【计量柜、箱方案】设置；

④ 关联账户原有电表【电能表方案】调整；

⑤ 上网点【电能表方案】设置。

小提醒

✓ 余电类居民光伏项发电点和上网点各有一块电能表需要设置【电能表方案】。

✓ 余电类居民光伏项目直接关联至客户现有账户，需将原有电能表更换为双向电能表，即为上网点电能表，使用原有表箱，无需重复设置上网点的【计量柜、箱方案】。

余电类【计量点方案】设置

1. 点击【计量点方案】选项卡，选中"分布式电源/燃煤机组标杆电价"，即上网点电价方案，点击"修改"按钮。

2. 在弹出的对话框中，修改"计量点名称"，加上"（上网）"后缀，"计量点分类"选择"电厂关口"，"主用途类型"选择"上网关口"。

3. 点击"台区"查询按钮，选中默认的一条台区信息，点击"确认"按钮。
4. 按照实际情况，填写"计量方式""电压等级"等信息，回到【计量点方案】选项卡。

小提醒

✓ 至此，上网点的计量点方案设置完成。

余电类【计量点方案】设置

1. 选中"分布式电源/补贴标准"，即发电点电价方案，点击"修改"按钮。

2. 在弹出的对话框中，修改"计量点名称"，加上"（发电）"后缀，"主用电类型"选择"发电关口"，点击"保存"按钮，回到【计量点方案】选项卡。

小提醒

✓ 至此，发电点的计量点方案设置完成。

余电类【计量点方案】设置

1. 点击发电点【电能表方案】选项卡中"修改"按钮，在弹出的对话框中，根据实际需要，修改电能表类型、电压、电流等参数，点击"保存"按钮，回到【计量点方案】选项卡。

2. 点击发电点【计量柜、箱方案】选项卡，根据实际情况，输入"类型""产权"和"计量箱名称"等信息，点击"选择模板"查询按钮，在弹出的对话框中，选择"典设单相表箱"，点击"保存"按钮。

小提醒

✓ 至此，发电点的电能表方案和计量柜、箱方案设置完成。

余电类【计量点方案】设置

1. 点击【用户计费计量信息】选项卡，点击【计量信息】子选项卡，选中现有的电能表，点击"拆除"按钮和"新增"按钮。

2. 在弹出的对话框中，根据原费率选择"示数类型"，点击"保存"按钮。

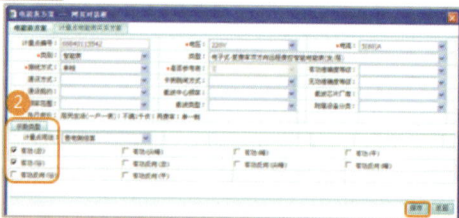

小提醒

✓ 两费率选择"有功（总）"和"有功（谷）"，单一制选择"有功（总）"。

✓ 至此，关联账户原有表计【电能表方案】调整完成。

余电类【计量点方案】设置

1. 点击【关联用户信息】选项卡，复制"关联用户用户编号"。

2. 点击【计量点方案】选项卡，点击上网点对应的【电能表方案】子选项卡，点击"新增"按钮。在弹出的对话框中，点击【计量点电能表关系】标签卡，将"关联用户用户编号"粘贴至"用户编号"栏。

3. 点击"查询"按钮，勾选出现的一条出厂编号为空的电能表信息，点击"保存"按钮，回到【计量点方案】标签卡。

余电类【计量点方案】设置

1. 选中上网点新增的【电能表方案】，点击"修改"按钮。

在弹出的对话框中，将"示数类型"修改为"有功反向（总）"，并点击"保存"按钮。

小提醒

✓ 至此，上网点电能表方案设置完成，整个计量点方案设置完成。

【采集点方案】设置

全额类与余电类居民光伏项目的【采集点方案】选项卡操作基本一致，仅在完成添加后，余电类项目由于原有表计，会多一条采集点方案信息。

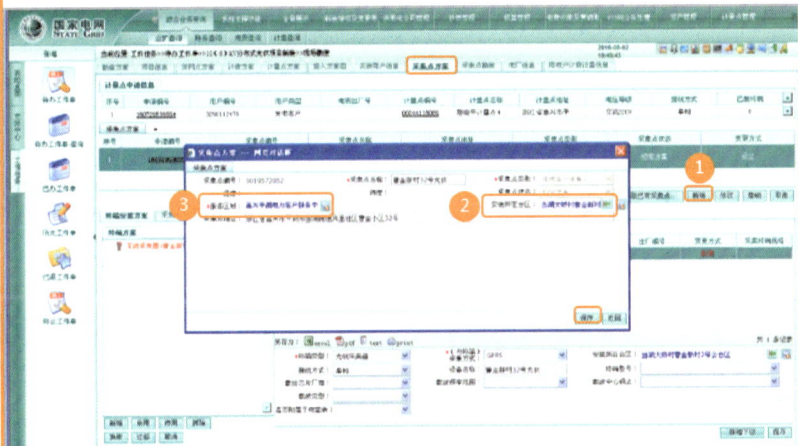

1. 点击【采集点方案】选项卡，点击"新增"按钮，弹出"采集点方案"对话框。

2. 点击"安装所在台区"查询，在弹出的对话框中，根据实际情况，选择相应台区，点击"确定"按钮，回到"采集点方案"对话框。

3. 点击"服务区域"查询，在弹出的对话框中，根据实际情况，选择相应服务单位，点击"确定"按钮，回到"采集点方案"对话框，点击"保存"按钮。

【采集点方案】设置

1. 点击【终端安装方案】子选项卡中的"新增"按钮，在弹出对话框中，按照实际情况选择"终端类型""采集方式"和"接线方式"，点击"保存"按钮。

【采集点方案】设置

1. 点击【采集对象方案】子选项卡，点击"新增"按钮，跳出"增加采集对象"对话框。

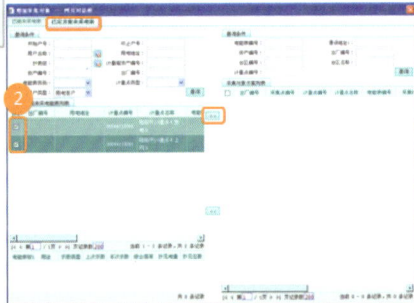

2. 点击【已定方案未采集电表】选项卡，勾选【已定方案未采集电能表列表】子选项卡中所有表计，点击"添加"按钮。

3. 点击【勘查方案】选项卡，点击"发送"按钮。

小提醒

✓ 至此现场勘查环节系统操作全部完成。

✓ 从业务受理环节完成开始，要求2个工作日内完成现场勘查。

（三）接入方案的制定、审查和答复

接入方案制定、审查和答复环节的主要内容包括制定方案、审查方案、答复方案和确认方案。其中，由客户经理或营配班成员根据现场勘查确认的信息制定接入方案，并提交至区县级公司营销部审查。审查通过后，客户经理将接入方案答复客户，客户确认后，将确认单交至客户服务中心。

工信流程

```
制定          审查          通过    答复          确认
方案    →     方案    ────→       方案    →     方案
          ↑         │
          │  未通过  │
          └─────────┘
```

按照项目属地的不同，分别由客户服务中心的低压客户经理班或供电所的营配班负责。

小提醒

√ 若需对公共电网部分进行改造，需在此环节通知发展建设部门，完成配套工程的实施。

1. 制定方案

负责岗位

低压客户经理或营配班成员

工作内容

● 依据客户提供资料和现场勘查结果，结合典型设计要求，在接入方案模板的基础上，修改相应内容，编制《居民光伏并网系统方案（全额上网/余电上网）》。

● 在营销系统内，核对接入方案的要点信息，并提交至区县级公司营销部审核。

方案要点

➢ 客户基本信息：客户名称、家庭地址等。

➢ 项目基本信息：发电规模、上网方式、屋顶面积等。

➢ 配网环境信息：上级电网现状、配网负荷信息等。

➢ 光伏设备信息：太阳能电池组件、并网逆变器等。

➢ 接入系统方案：接线示意图、保护方式、计量方式、通信方式等。

《居民光伏并网系统方案（全额上网/自发自用余电上网）》即《××家庭光伏发电项目接入系统可行性研究报告》，包括设计依据、设计范围、设计标准、规程规范、项目概况、供配电系统现状及用户负荷情况、光伏发电部分、接入系统方案、设备清单、结论和建议等。

XX家庭光伏发电项目接入系统

可行性研究报告

201X 年 X 月

制定接入方案系统操作

在制定接入方案环节，营销系统内的操作主要分为两个部分：

● 填写【制定接入方案】选项卡中的信息；

● 核对并修改【并网点方案】、【计费方案】和【计量点方案】选项卡中信息。

1. 按现场勘查情况，选择"是否可接入"，填写"确认人"；选择"方案确定时间"，填写"核定容量""预计月自发电量"；"是否设计审查"选择"否"。

2. 按消纳方式选择"接入方式"，按实际情况选择"安装位置"，"税率"选择"0.00"，点击"保存"按钮。

小提醒

✓ 居民光伏项目采用典型设计，无需审查。

✓ 余电类项目"接入方式"选择"接入用户侧"，全额类根据实际情况选择"接入公共电网"。

✓ "预计月自发电量"按"合计容量×100"后取整数值进行结算。

✓ 税率必须选择"0.00"，否则会导致电费结算中开票税额计算错误。

制定接入方案系统操作

1. 审核【并网点方案】选项卡内信息是否有误：若有误，则进行修改；若无误，则点击"保存"按钮。

2. 审核【计费方案】选项卡内信息是否有误：若有误，则进行修改；若无误，则点击"保存"按钮。

制定接入方案系统操作

1. 审核【计量点方案】选项卡内信息是否有误：若有误，则进行修改；若无误，则点击"保存"按钮。

小提醒

✓ 此处必须仔细核对接入方案信息，本环节操作发送后，信息不可再修改。

✓ 从现场勘查环节完成后，要求10个工作日内完成接入方案的制定并报送审核单位。

2. 审查方案

负责岗位

低压客户经理班或营配班班长

工作内容

● 审核接入方案是否符合典型设计要求，是否存在问题：若无问题，则审核通过；若有问题，则将接入方案退回至低压客户经理或营配班成员，并给出修改意见。

组织接入方案审查系统操作

1. 填写"审批/审核人"姓名，选择"审批/审核时间"，"审批/审核结果"选择"通过"，先点击"保存"按钮，再点击"发送"按钮。

小提醒

✓ 从收到接入方案开始，要求5个工作日内完成方案的审核。

3. 答复方案

负责岗位

低压客户经理或营配班成员

工作内容

● 接入方案审核通过后，打印《居民光伏并网系统方案（全额上网/余电上网）》与分布式电源项目接入系统方案确认单。

● 将两份文件转交给客户，并就接入方案做出说明，告知其相关注意事项。

转交接入方案与确认单

居民光伏项目接入系统方案项目业主（用户）确认单（填写示例）

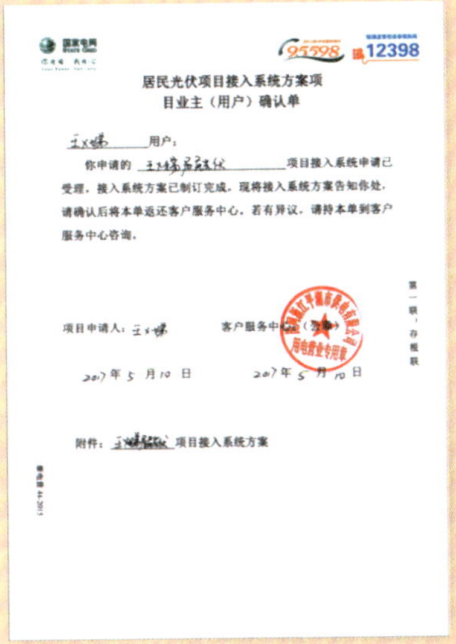

居民光伏项目接入系统方案项目业主（用户）确认单

王×娣 用户：

你申请的 王×娣家庭光伏 项目接入系统申请已受理，接入系统方案已制订完成，现将接入系统方案告知你处，请确认后将本单返还客户服务中心。若有异议，请持本单到客户服务中心咨询。

项目申请人：王×娣　　客户服务中心（公章）

2017 年 5 月 10 日　　2017 年 5 月 10 日

附件：王×娣家庭光伏 项目接入系统方案

第一联：存根联

由项目业主（用户）亲笔签写，不得使用签名章。

答复接入方案系统操作

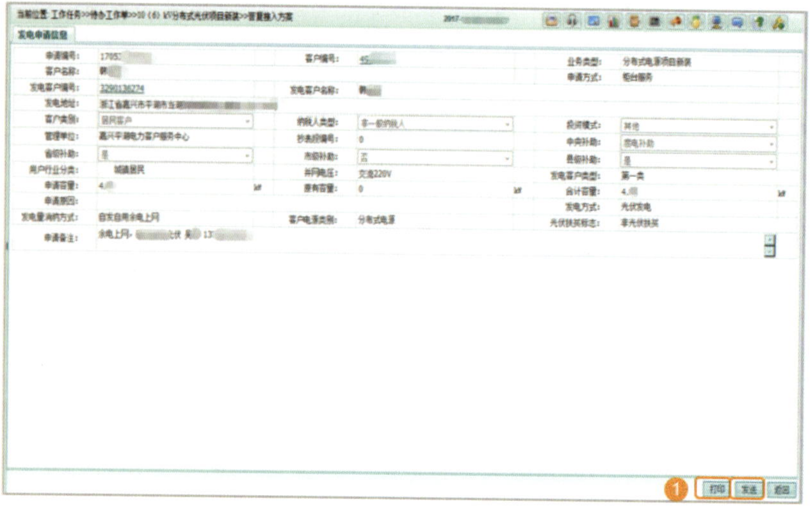

1. 点击“打印”按钮，打印确认单，点击“发送”按钮

4. 确认方案

负责岗位

低压客户经理或营配班成员

工作内容

● 客户收到接入方案和确认单后阅读接入方案内容，确认无误后签署确认单并交至客户服务中心。

● 收到确认单后，客户经理或营配班成员在营销系统内完成接入方案确认操作。

用户将确认单交至客户服务中心

接入方案确认系统操作

在接入方案确认环节，营销系统内操作主要分为以下两个部分：

● 答复客户后填写答复信息；
● 在客户确认后，完成客户回复部分。

1. 填写"答复人"姓名，选择"答复日期"和"答复方式"，点击"保存"按钮。

2. 在客户确认且同意接入方案，将确认单交到客服中心后，选择"客户回复方式"和"客户回复时间"，据实填写"客户签收人"和"客户签收日期"，"客户回复意见"选择"通过"，点击"发送"按钮。

小提醒

✓ 签收人必须与项目申请人一致。
✓ 接入方案审核完成后，3个工作日内完成接入方案的答复和确认。

（四）受理并网申请

受理并网申请环节主要包括客户提交申请、营业厅受理并网申请、信息录入营销系统和资料转存。

工作流程

1. 申请提交

负责岗位

营业厅业务受理人员

工作内容

● 客户在确认接入方案后，自行选择符合资质的施工单位，采购合格的设备，完成光伏发电系统的施工安装。

● 施工完成后，客户到营业厅申请并网。

2. 并网受理

负责岗位

营业厅业务受理人员

工作内容

● 指导客户填写居民光伏项目并网验收和调试申请表。

● 申请表一式两份，双方签字盖章后，一份交给客户，一份存档。

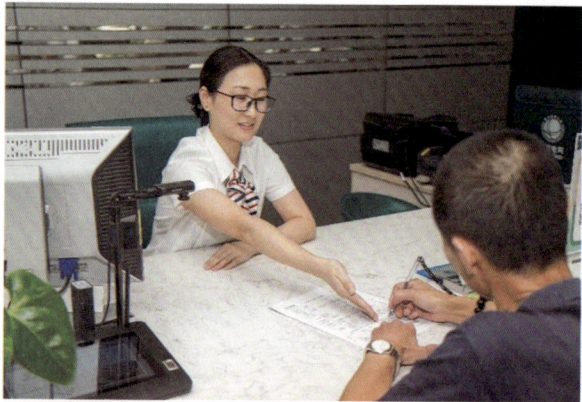

指导客户填写并网申请表

居民光伏项目并网验收和调试申请表（填写示例）

1. 填写项目信息：项目编号、申请日期、项目名称、项目地址、项目投资人、项目联系人、联系人电话和地址。项目地址尽可能详细，空格以"/"代替。

2. 填写并网信息：选择接入方式，填写并网点信息、计划验收完成日期和计划并网调试时间。计划验收完成和计划并网调试时间填写同一天。

3. 双方签字盖章，受理人签字，填写受理日期。表单中任何签名应保证是本人亲笔签名，不能用签名章代替签字。

3. 信息录入

负责岗位

营业厅业务受理人员

工作内容

- 受理客户申请后，当天完成资料进机和营销系统内操作。

- 全额类居民光伏项目需同时发起并行的低压非居新装流程的竣工报验。

受理并网申请系统操作

【工作任务】》【代办工作单】》【10（6）kV分布式光伏项目新装】》【受理并网申请】

1.填写报验人姓名，选择"报验日期"和"验收日期"。

2."报验性质"选择"竣工报验"。

3.点击"保存"按钮后再点击"发送"按钮。

4. 资料转存

负责岗位

营业厅业务受理人员

工作内容

● 将客户提交的申请资料进行整理、移交至档案管理员，归入该项目档案。

● 将申请资料抄送至低压客户经理班或营配班，以便开展后续工作。

小提醒

√ 资料转存的完成时限为：受理并网申请后2个工作日内。

（五）合同签订

合同签订环节包括合同起草、合同审核、合同签订和合同归档。

客户经理或营配班成员根据接入方案的相关内容，编制合同初稿，提交至客户经理班长或营配班长审核，审核通过后和客户签订合同。签订完成后，纸质合同归档。

合同签订环节和表计安装环节同时发起，同步进行。

1. 合同起草

负责岗位

低压客户经理或营配班成员

工作内容

- 根据光伏项目类型，选择对应的合同文本模板（电子版）。

- 根据项目内容，填写合同文本相应内容。

- 将电子版合同初稿上传至营销系统，并提交班长审核。

填写要点

➤ 基本信息：项目名称、地址、容量等信息。

➤ 接入、消纳方式、产权分界及责任：消纳方式（自发自用余电上网类/全额上网类）和接入方式（接入公共电网/接入用户侧）。

➤ 发用电电价、计量、结算：发用电电价计费方式（峰谷/普通）、电能表型号等。

➤ 争议处理原则及其他：合同期限等。

居民光伏发电项目发用电合同

居民光伏发电项目发用电合同

合同编号（甲方）：

合同编号（乙方）：

供电企业（甲方）：国网浙江XX市供电公司

光伏业主（乙方）：

签订日期：　年　月　日

签订地点：浙江XXXX市

小提醒

√ 合同用电人名称，应与其主体资格证书上名称相一致。

√ 供用电合同和营销系统对应的内容必须一致。

合同起草系统操作

当前位置：工作任务>>待办工作单>>10（6）kV分布式光伏项目新装>>合同起草　　　2017-06-06 16:42:54

合同起草　相关户信息　批量用户信息　合同信息查询　违约金信息　产权分界点

申请编号：1705......
用户名称：韩......
用户地址：浙江省嘉兴市平湖市......

❶ •起草人员：张......　　　•起草时间：201:......

•操作类型：新签

起草说明：

保存

合同信息　合同附件

❷ •合同类别：发用电合同　　　•范本名称：居民光伏发电项目发用电合同

•有效期：60　•月　○天

•合同文本形式：自由格式文本　　　文件路径：/ht/201706/7535405093.doc

电子文件路径：　　　　　　　　　　　　　　　　　　　　　　　　　浏览...

用电方信息　补充条款　合同编辑　查看　保存

❸

1. 填写"起草人员"姓名，据实选择"起草时间"，点击"保存"按钮。

2. "合同类型"选择"发用电合同"，点击"范本名称"查询；

3. 在弹出的对话框中，选中"居民光伏发电项目发用电合同"，点击"确认"按钮。

合同起草系统操作

1. 根据合同范本要求，选择对应的合同期限，"合同文本形式"选择"自由格式文本"。

2. 点击"浏览"按钮，选择完成的合同模板（电子版），点击"上传"按钮；然后，再点击"保存"和"发送"按钮。

2. 合同审核

负责岗位

低压客户经理班或营配班班长

工作内容

● 在营销系统内查看提交的合同文本，确认无误后，通过审核。

● 若审核不通过，班组长应给出审核意见，指导合同起草人员修改。

班组长审核合同文本

合同审核系统操作

1. 填写"审批/审核人"姓名，选择"审批/审核时间"。

2. 点击"合同预览"，查看合同文本。

3. 根据审核情况，选择"审批/审核结果"。若审核不通过，应填写"审批/审核意见"。

4. 若审核通过，点击"保存"和"发送"按钮。

3. 合同签订

负责岗位

低压客户经理或营配班成员

工作内容

● 合同审核通过后，联系客户，与客户预约合同签订时间。

● 打印《居民光伏发电项目发用电合同》，签字盖章并加盖"骑缝章"后，在与客户约定的时间将文本送交客户。

小提醒

√ 为减少客户往返，可与装接班成员沟通协调，与客户约定时间，将合同签订和表计安装安排在同时进行。

工作内容

- 客户在合同文本指定位置签字，填写签约日期及签约地点。

- 合同一式两份，一份交给客户，一份留档。

小提醒

√ 签约前需核实签约人资格，若签约方为代理人，应确认委托代理人身份，并将授权委托书作为合同附件。

合同签订系统操作

1. 按照实际情况填写"答复人"姓名，选择"答复日期"和"答复方式"。

2. 据实选择"客户回复时间"和"客户回复方式"，填写"客户签收人"姓名。

3. 据实选择"客户签约日期"。

4. 填写"用户意见"，点击"保存"按钮。

合同签订系统操作

1. 在【合同信息】标签卡中，填写双方签约人姓名。
2. 选择"合同签署日期"，根据实际情况，填写相应的"有效期"并选择"合同终止日期"。
3. 填写"签约地点"，将"合同自动续签标志"改为"是"，点击"保存"和"发送"按钮。

小提醒

✓ 签约地点写到县级地址即可。

✓ 从受理并网申请开始，5个工作日内完成合同签订工作。

4. 合同归档

负责岗位

低压客户经理或营配班成员

工作内容

- 将双方签署后的纸质合同转交至档案室。

- 档案室管理员确认合同信息无误后妥善保管，以备查验，并在营销系统内完成相关操作。

- 合同归档系统操作可参照《电力营销一线员工作业一本通　业扩报装》相应内容。

（六）计量装置安装

计量装置安装环节主要内容包括安装派工、安装准备、现场安装及信息录入。

装接班班长根据情况将装接任务分配给班组成员，由班组成员完成配表、领表、联系客户等准备工作，并负责现场表计安装工作和安装完成后的信息录入工作。

工作流程

安装
派工
→
安装
准备
→
现场
安装
→
信息
录入

全额类居民光伏项目需同步进行站用电流程（即低压非居新装流程）的相关系统操作，所涉及的表计与光伏流程为同一表计，无需重复配表，但仍需单独打印装接单。

小提醒

∨ 本节内容中的详细操作规范参照《电力营销一线员工作业一本通 装表接电（第二版）》。

∨ 计量装置的安装时限为：受理并网申请后5个工作日。

1. 安装派工

负责岗位

装接班班长

工作内容

● 接到安装工单后，将该工作任务分派给相应的装拆人员。

安装派工系统操作

【工作任务】》【代办工作单】》【10（6）kV分布式光伏项目新装】》【安装派工】

1. 勾选需要派工的工作单。
2. 在【派工信息】选项卡中勾选装拆人员，选择装拆负责人和日期。
3. 点击"派工"和"发送"按钮。

2. 安装准备

负责岗位

装接班成员

在光伏流程安装前的准备工作中，全额类和余电类项目除所涉及表计不同外，其他基本一致。

工作内容

● 联系客户：与客户约定上门装表时间，交代相关注意事项。

联系客户安排装接时间

小提醒

√ 为减少客户往返，建议装接班成员，将合同签订、表计安装以及并网验收和调试工作安排在一起完成。

配表（备表）：根据项目类型，选择相应的表计。

类别	计量点	表计类型
全额类项目	上网点/发电点	电子式复费率双方向远程费控智能电能表（发/居）
余电类项目	发电点	电子式复费率双方向远程费控智能电能表（居民用）
	上网点	电子式复费率双方向远程费控智能电能表（发/居）

计量装置

电子式复费率双方
向远程费控智能电能表
（发/居）

电子式复费率双方向
远程费控智能电能表（居
民用）

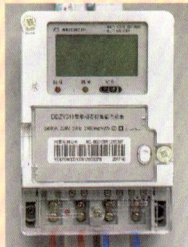

打印装接单：在营销系统内打印低压电能计量装接单。

装接单

装接单中包括客户的基本信息、安装计量装置信息和现场信息。

工作内容

● 领表：凭装接单，至表库向管理员领取相应电能表及采集设备（无线/载波采集器）。

● 准备工器具：按照装接规范要求，准备现场所用工器具。

采集设备

载波采集器

无线采集器

配表（或备表）系统操作

1. 在【工作单列表】中选中相应的工单。

2. 点击【电能表方案】选项卡，用扫码枪扫描资产条形码或输入资产编号。

3. 点击【采集点方案】选项卡，用扫码枪扫描资产条形码或输入资产编号。

4. 点击【计量容器方案】选项卡，用扫码枪扫描资产条形码或输入资产编号。

5. 点击"发送"按钮。

3. 现场安装

负责岗位

装接班成员

（1）安装前准备

工作内容

● 工作负责人到达现场，办理工作票许可手续。

● 召开站班会，告知安全注意事项和危险点，明确作业人员具体分工。

● 确认安全措施是否到位。

● 确认现场接线方式与项目的消纳方式是否匹配。

召开站班会

计量柜（箱）体验电

（2）计量装置验收

工作内容

● 按照低压电能计量装接单，现场核对户名、户号及新装电能计量器具的规格、资产编号等内容，检查外观是否完好。

● 计量柜（箱）是否符合计量装置、控制回路接入等安装技术要求，应预留用电信息采集终端安装位置。

● 电能表安装位置应正对观察窗。

● 查看电源进线相色，确定电源侧方向。

● 计量柜（箱）内部所有洞孔要求全部封堵。

核对表计信息

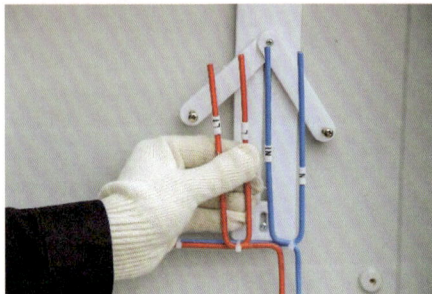
检查电源进线相色

（3）装置安装

余电类项目安装步骤

① 光伏并网箱内，安装单向表计；

② 光伏并网箱内，安装采集设备；

③ 原居民用电电表箱内，拆除原有表计，安装双向表计。

全额类项目安装步骤

① 光伏并网箱内，安装单向表计；

② 光伏并网箱内，安装采集设备。

用户原有表计更换

小提醒

√ 余电类项目中，原有表计拆除及双向表计安装需带电作业。

（4）安装检查

工作内容

● 由工作负责人指定专人对计量设备安装和接线进行核查。

● 检查电能表安装和接线是否正确，线头应无外露，接线螺丝应拧紧。

● 检查完毕未发现问题和错误后，扎束导线，装上罩壳。

小提醒

√ 需仔细核对表计进出线是否安装正确，若接线接反，会导致电量采集错误，影响电费结算。

核查进出线接线

装上电表箱外壳

计量装置安装示意图

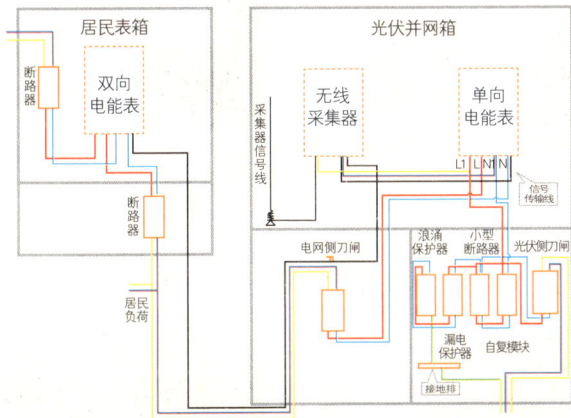

居民表箱

断路器

双向电能表

断路器

居民负荷

光伏并网箱

采集器信号线

无线采集器

单向电能表

L1 L N N1

信号传输线

电网侧刀闸

浪涌保护器

小型断路器

光伏侧刀闸

漏电保护器

自复模块

接地排

无线采集器

电网侧刀闸

双向电能表

采集器信号线

L1 L N N1

信号传输线

光伏侧刀闸

自复模块

浪涌保护器

小型断路器

带漏电保护的断路器

接地排

余电类居民光伏项目计量装置安装示意图

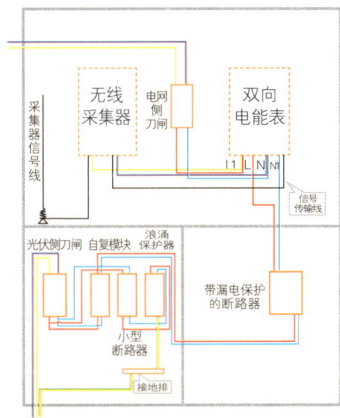

全额类居民光伏项目计量装置安装示意图

注：L线为电网侧相线，N线为电网侧零线；L1为负荷侧相线，N1为负荷侧零线。

139

（5）安装完结

工作内容

● 确认安装无误后，对计量设备加封封印，并在装表工作单上记录封印编号。

● 新装电能表起度拍照。用专业设备拍照记录相应信息，包括新装电能表起度、表号、计量设备封印信息等。

● 客户在装表工作单签字确认。

● 现场作业结束，工作负责人填写工作票，办理工作票结束手续。

记录封印编号

电能表起度拍照

客户签字确认

工作票结束手续

4. 信息录入

装表工作结束后，装接人员将装表信息录入营销系统，将流程发送至下一环节。

安装信息录入系统操作

1. 选中相应的工单，在【电能表方案】选项卡中，据实选择"装拆日期"，点击"保存"按钮。

2. 在【电能表装拆示数】选项卡中，调整示数，点击"保存"按钮。

3. 点击【计量箱、柜方案】选项卡，输入"资源码"和"经纬度"，点击"保存"和"发送"按钮。

（七）并网验收

并网验收环节主要包括三个部分：验收准备、现场验收及调试和组织并网。

并网验收主要由低压客户经理或营配班成员负责，进行组织并网验收调试、现场验收调试以及并网运行工作。

工作流程

验收准备 → 现场验收及调试 → 组织并网

1. 验收准备

负责岗位

低压客户经理或营配班成员

工作内容

● 联系客户确定上门并网验收和调试时间，安排好相关事项。

● 打印居民光伏项目并网验收意见单和客户所需提供资料清单，并依据意见单确认现场工作要点。

● 准备验收及调试所用工器具。

小提醒

√ 要求项目业主和施工单位技术人员同时到场，协助并网验收和调试。

√ 为减少客户往返，建议将并网验收调试和表计安装、合同签订安排相同时段进行。

居民光伏项目并网验收和调试申请表（填写示例）

1. 填写项目信息：项目编号、项目名称、项目地址、验收日期和装机容量，选择并网电压和并网点。

2. 据实记录文件资料与各验收项目验收结果。

3. 填写验收结论，并由验收人员与项目业主签字确认。

2. 现场验收

负责岗位

低压客户经理或营配班成员

（1）资料验收

工作内容

● 按照资料清单，逐项检查客户提供的资料的完整性、合法性、有效性。

● 若材料有缺或无效，则需要向客户做出说明，指导客户补全或更换有效资料。

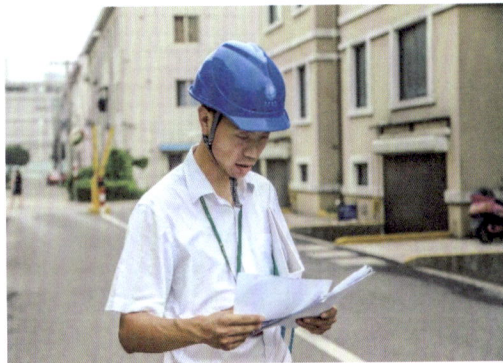

逐项查验客户提供的资料

居民光伏并网验收环节客户所需提供的资料清单

序号	资料名称	是否必备	备注
1	主要电气设备一览表和主要设备技术参数	必备	
2	光伏组件、逆变器监测认证证书	必备	
3	低压电气设备3C证书	必备	
4	光伏发电系统安装验收和调试报告	必备	
5	承装(修、试)电力设施许可证		
6	建筑企业资质证书		容量在400 kW以上的项目施工需提供
7	安全生产许可证		

（2）设备验收及调试

按照意见单中的项目逐项验收。

验收内容

- 光伏项目并网设备检查：

　　① 检查并网开关电气、机械性能；

　　② 检查并网开关电气试验报告。

检查开关闭合是否正常

小提醒

　　√ 电气试验报告由光伏安装公司提供。

验收内容

● 自动化、通信装置检查：

① 检查光伏系统运行状态、电压、电流、电量等信息接入及联调；

② 检查通信网络是否正常。

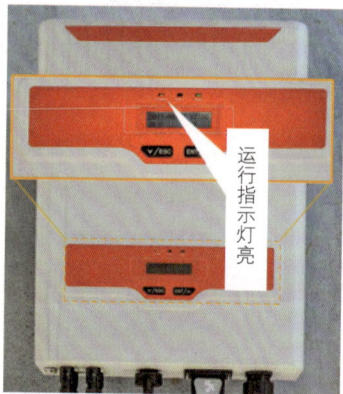

光伏逆变器正常运行

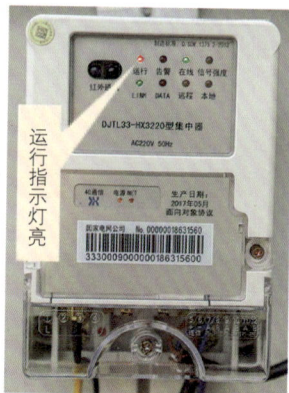

无线采集器正常运行

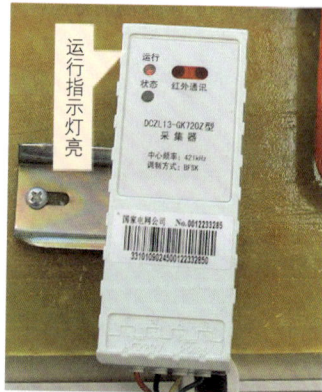

载波采集器正常运行

验收内容

- 计量装置安装：

检查逆变器测试认证报告是否具备。

- 电能质量监测装置检查及电能质量测试：

① 检查公共连接点是否安装电能质量监测装置；

② 检查电能质量测试指标是否满足要求。

- 功率因数测试：

通过并网点计量装置读取光伏发电系统的功率因数，220V/380V并网，功率因数在超前0.98和滞后0.98范围内。

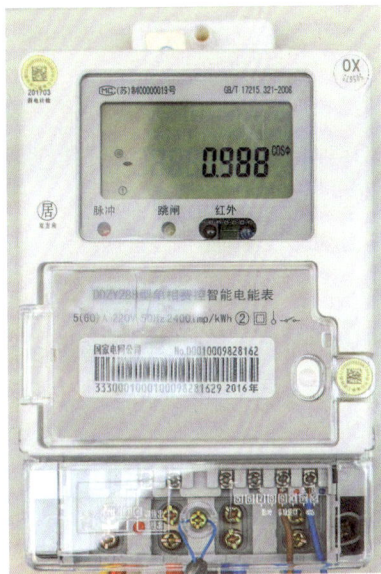

功率因数测试

验收内容

● 逆功率保护测试：

选择自发电就地消纳、余电不上网时，应配备逆功率保护装置。切除本地负载，使光伏出力远大于本地负载，测试光伏接入点出现逆功率时，分布式电源互联接口与配电网断开的逆功率幅值和断开时间。逆功率幅值误差应在2%内，断开时间应小于0.2s。

● 防孤岛保护和并网开关试验：

切断用户进户线电网侧开关，检查并网点开关和逆变器是否断开，如正常断开，则并网开关低电压跳闸和逆变器防孤岛保护功能测试正常。

（3）填写意见单

按照实际情况，填写居民光伏项目并网验收意见单，若全部验收合格则验收通过。

组织并网验收调试系统操作

1. 点击【验收明细】选项卡。
2. "验收意见"选择"验收通过",填写"验收人"姓名,选择"验收日期","验收项目"选择"二次部分"。
3. 点击"保存"和"发送"按钮。

3. 组织并网

负责岗位

低压客户经理或营配班成员

（1）并网前准备

工作内容

- 确认客户、光伏安装公司技术人员与供电公司验收人员三方同时到场。

- 由供电公司验收人员确认所有断路器在断开位置，隔离开关在拉开位置。

（2）并网操作

工作内容

● 由光伏安装公司技术人员依次合上逆变器开关、光伏侧隔离开关、光伏侧漏电保护器、电网侧隔离开关、电网侧断路器。

● 若采用自复模块，则自复模块运行时指示灯亮；

● 若采用检有压自动合闸断路器，则断路器自动合上。

● 同时，并网箱中表计屏亮，表计带电。

● 若无以上现象，则需要光伏安装公司技术人员拉开各断路器和隔离开关，检查线路是否存在问题。

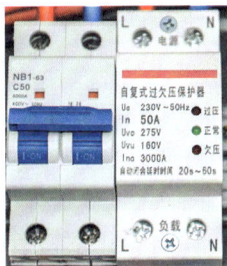

自复模块指示灯亮

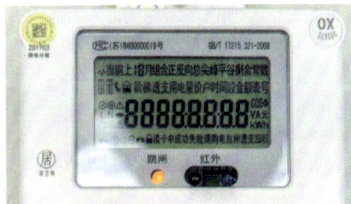

表计屏亮

（3）并网后检查

示数检查

● 根据不同的消纳方式，检查计量装置示数是否正确，若示数错误，则重新检查接线是否正确：

➢ 余电类项目检查光伏表计中正向电流示数和居民表计中反向电流示数是否正常；

➢ 全额类项目检查表计中反向电流示数和光伏逆变器中功率示数是否对应。

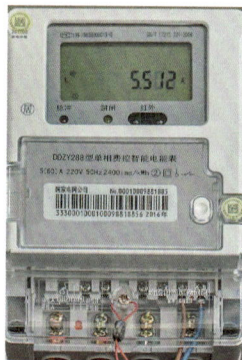

反向电流标记

余电类项目表计正向电流示数

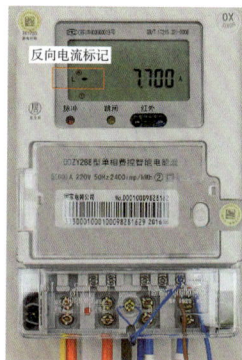

全额类项目表计反向电流示数

小提醒

√ 全额类表计电流反向示数与并网电压的乘积接近光伏逆变器的功率示数。

√ 示数检查的主要目的是检查接线是否接反。

失压检测

● 在用户许可的情况下，供电公司验收人员断开电网侧断路器，观察自复模块或失压断路器是否自动断开。

● 若无以上现象，则需要光伏安装公司技术人员拉开各断路器和隔离开关，检查自复模块或失压断路器是否故障。

系统孤岛检测

● 在用户许可的情况下，供电公司验收人员断开电网侧断路器，观察逆变器显示屏，显示为停机状态或孤岛保护状态。

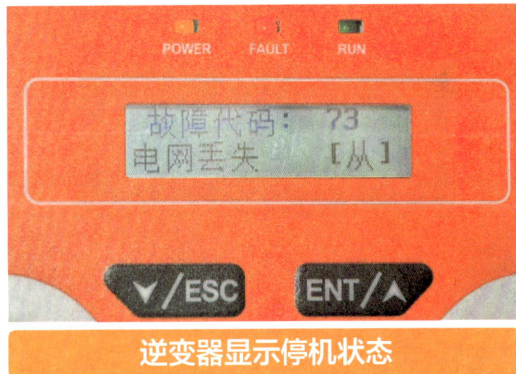

逆变器显示停机状态

（八）资料归档

资料归档环节主要内容包括资料接收及审核、信息归档和资料归档。

全额类居民光伏业务还需要完成低压非居新装业务的资料归档。

工作流程

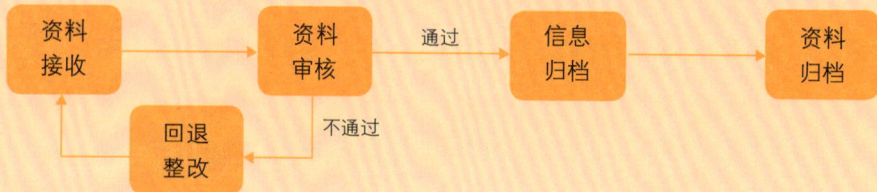

1. 资料接收及审核

工作内容

- 各部门按照归档资料清单整理本部门所负责环节的材料，整理完整后交至档案室审核。

  ➤ 若资料有缺，则根据档案室指导补全材料；

  ➤ 若资料有误，则启动相关纠错程序，并督促纠错。

居民分布式光伏项目归档资料清单

序号	业务环节	资料名称	备注
1	业务受理	居民家庭分布式光伏发电项目并网申请表	必备
2		关于同意××居民家庭申请安装分布式光伏发电的项目同意书	项目建设在公寓等住宅小区的共有屋顶或场所
3		关于同意××居民家庭申请分布式光伏发电的项目开工的同意书	
4		居民光伏项目的项目同意书	
5		自然人身份证明	必备
6		房屋产权证明或其他证明文书	必备
7		经办人有效身份证明文件复印件及委托授权书	委托代理人办理时必备
8		银行账号信息	必备
9	现场勘查	现场勘查工作单	必备
10	答复接入方案	分布式电源接入系统方案	必备
11		居民光伏项目接入系统方案项目业主（用户）确认单	必备

续表

序号	业务环节	资料名称	备注
12	受理并网申请	居民光伏项目并网验收和调试申请表	必备
13		承装（修、试）电力设施许可证	发电装机容量400kW以上项目必备
14		建筑企业资质证书	
15		安全生产许可证	
16		主要电气设备一览表和主要设备技术参数	必备
17		光伏组件、逆变器检测认证证书	必备
18		低压电气设备3C证书	必备
19		光伏发电系统安装验收和调试报告	必备
20	安装信息录入	电能计量装接单	必备
21	合同签订	购售电合同及附件	必备
22	组织并网验收调试	居民光伏项目并网验收意见单	必备

2. 信息归档

负责岗位

综合室

工作内容

- 综合室接收营销系统中光伏流程客户待归档信息资料，并审核其正确性和完整性。

- 对审核通过的信息资料进行归档，完成信息系统内档案建立。

- 全额类项目由低压客户经理完成站用电流程的信息归档操作。

信息归档系统操作

当前位置: 工作任务>>待办工作单>>10（6）KV分布式光伏项目新装>>信息归档　　　　　2017-06-07 22:15:38

信息归档

发电申请信息

申请编号: 170　　　　　　　　　　　发电客户编号: 329　　　　　　　　业务类型: 10（6）KV分布式光伏项目新装

- 申请编号: 170
- 发电客户名称: 陈
- 发电地址: 浙江省嘉兴市平湖市
- 发电方式: 光伏发电
- 申请容量: 7.54 kVA
- 发电客户编号: 329
- 发电量消纳方式: 全额上网
- 原有容量: 0 kVA
- 业务类型: 10（6）KV分布式光伏项目新装
- 受理时间: 2017-0
- 受理部门: 营业班
- 合计容量: 7.54 kVA
- 备注: 独体、全额上网，补贴等发放要目录下来，　光伏，胡

审批/审核记录

审批/审核部门	审批/审核人	审批/审核时间	审批/审核结果	审批/审核标志	业务环节
综合室	钱	2017-0	通过	审核	信息归档
营业班	强	2017-0	通过	审核	合同审核
综合室	岳	2017-0	通过	审批	组织接入方案审查

① ＊审批/审核人: 钱　　　　　　　　＊审批/审核时间: 2017-06　　　　　＊审批/审核结果: 通过

　　审批/审核意见:

② 保存　　信息归档　　打印　　发送　　返回

1. 按情况选择"审批/审核结果"，若信息无误，则选择"通过"；若信息存在缺失或错误，则选择"不通过"并给出"审批/审核意见"。
2. 点击"保存"按钮后再点击"信息归档"按钮，执行完毕后，点击"返回"按钮。

3. 资料归档

负责岗位

档案室

工作内容

- 档案室接收客户待归档的纸质资料，并审核其正确性和完整性。

- 对审核通过的纸质资料进行归档，完成档案系统内档案建立，并在营销系统内完成相关操作。

（九）客户回访

负责岗位

快响中心

工作内容

● 项目主体流程结束后，由快响中心联系客户，确认项目信息，并询问客户对业务办理环节中供电公司的服务是否满意。

● 若客户对服务不满意，由快响中心员工了解情况，并反馈至相应的负责人，由该环节负责人员及时了解并解决客户问题。

工作要点

➤ 信息核实：核对客户身份信息、房屋产权信息、项目信息等，确认客户对项目知情。

➤ 情况说明：若由他人代办，通过客户回访，向客户说明国家电网公司职责、费用收取、办理时限、专属服务、安全事项、项目备案等要点，具体内容参照用户告知书或客户告知部分。

➤ 满意度调查：了解客户对供电公司的服务是否满意，若存在问题，及时了解原因并跟进处理。

二　非居民光伏新装

非居民光伏也称为非自然人光伏，包括除居民光伏之外的其他所有光伏类分布式电源项目，通常指企事业单位利用自身或租赁的仓库、厂房或农耕用土地等场所，建设的分布式光伏发电系统。

本部分按照实际工作开展的流程，分为业务受理，现场勘查，接入方案制定、审查和答复，设计审查，受理并网申请，合同签订，计量装置安装，并网验收，资料归档和客户回访10个部分，涵盖了接入公共电网的全额上网和自发自用剩余电量上网两类光伏业务的全部办理要点。

工作流程及时限要求

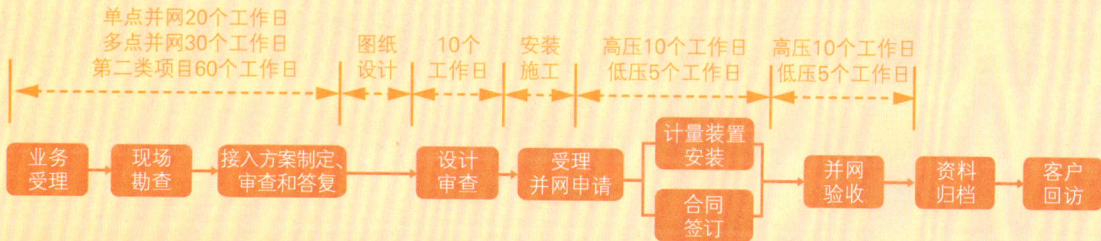

单点并网20个工作日
多点并网30个工作日
第二类项目60个工作日

图纸设计　　10个工作日　　安装施工　　高压10个工作日 低压5个工作日　　高压10个工作日 低压5个工作日

业务受理 → 现场勘查 → 接入方案制定、审查和答复 → 设计审查 → 受理并网申请 → 计量装置安装 / 合同签订 → 并网验收 → 资料归档 → 客户回访

注：1. 单点并网或多点并网根据项目并网点数量确定。
　　2. 高压或低压根据并网点电压确认，220V/380V为低压，10（20）kV及35kV为高压。

小提醒

√ 全部自用和余电类光伏新装业务办理流程完全一致。

（一）业务受理

业务受理环节主要包括业务咨询、申请递交、资料查验、信息录入、客户告知、资料转存、客户回访等步骤。

业务受理环节主要由营业厅负责，全额类业务需有一个高压新装流程同步发起。

工作流程

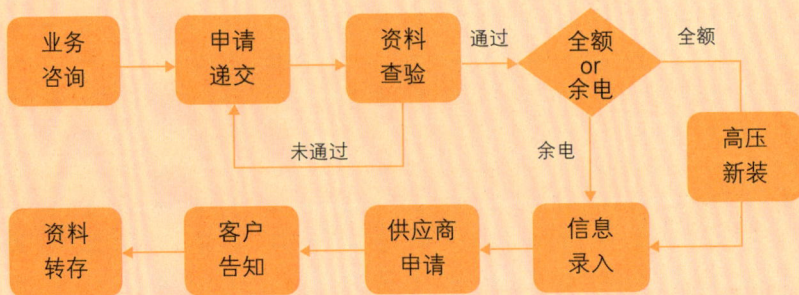

1. 业务咨询/客户告知

负责岗位

营业厅业务受理人员

工作内容

● 受理人员应详细询问客户业务需求，向客户提供用电业务办理告知书（非居民分布式电源并网服务）及其他相关资料，具体服务内容与规范可参考居民光伏新装部分。

非居民分布式电源并网服务告知书

非居民光伏业务受理环节客户所需提供资料清单

序号	资料类别	资料名称	备注
1	申请表	分布式电源并网申请表（浙电营37–2015）	必备
2	客户身份证明	法人身份证复印件等	必备
3		营业执照复印件等	必备
4	房屋产权证明或其他证明文书	房屋所有权证、国有土地使用证或集体土地使用证	必备（提供一项）
		购房合同	
		含有明确土地使用权判词且发生法律效力的法院法律文书（判决书、裁定书、调解书、执行书等）	
		租赁协议或土地权利人出具的场地使用证明	
5	经办证明	经办人有效身份证明文件及授权委托书	委托代理人办理时必备

续表

序号	资料类别	资料名称	备注
6	其他材料	政府主管部门同意项目开展前期工作的批复	需核准项目必备
7		发电项目前期工作及接入系统设计所需资料	380/220V接入多并网点或10kV及以上接入项目必备
8		用电（如一次主接线图、负荷情况等）相关资料	
9		建筑物及设施使用或租用协议	合同能源管理项目或公共屋顶光伏项目必备
10		物业、业主委员会或居民委员会的同意建设证明	住宅小区居民使用公共区域建设项目必备
11		银行账户信息	必备
12		项目前期相关资料（如可研报告、实施方案等）	

典型场景应答

客户询问业务办理流程：

问

你好！我们公司想安装光伏发电设备，应如何办理？

答

　　您好！您可以先找光伏安装公司帮您确认光伏安装信息，并且按告知书后资料清单准备所需资料。然后，来我公司营业厅办理分布式电源并网申请。随后，供电公司会安排人员上门勘查，确认并向您提供接入方案。您可以根据接入方案，委托符合资质的设计单位开展工程设计。设计完成后，提交至我公司进行设计审查。设计文件审查通过后，再委托符合资质的施工单位开展工程施工。施工完成之后，来营业厅申请并网，由供电公司安排签订合同和表计安装，在并网验收和调试通过后进行并网发电。

客户询问设计 / 施工单位资质查询方式：

问 你好！我如何确定设计单位或施工单位是否具有光伏资质呢?

答 您好！您可以登录中华人民共和国住房和城乡建设部网站（http://www.mohurd.gov.cn/），查询并选择具备相应资质的设计单位；登录浙江省电力用户受电工程市场信息与监管系统（http://202.107.201.109:8089/gcmis/base/Login/index.ao），查询并选择具有相应资质的施工及试验单位。

注意要点

➤ 政府备案：非居民分布式电源项目需客户自行向政府部门申报核准（或备案）。

➤ 三不指定：国家电网公司员工不得向客户指定或推荐设计单位、施工单位及设备材料供应单位，须完全由客户自主选择。

➤ 费用收取：国家电网公司在并网及后续结算服务中，不会收取任何费用。

小提醒

√ 客户需在并网验收环节前完成政府备案并向供电公司提供相关材料。

2. 申请递交

负责岗位

营业厅业务受理人员

工作内容

● 客户在营业厅业务受理人员指导下，填写分布式电源项目接入申请表，并根据项目具体需要，提供相应的身份证明材料、产权证明材料、经办证明等文件。

● 申请表一式两份，双方签字盖章后，一份交客户，一份存档。

分布式电源并网申请表（填写示例）

1. 基本信息：申请日期如实填写；项目地址尽可能详细，空格以"/"代替；项目类型勾选"光伏发电"；项目投资方、项目联系人、联系人电话照实填写，联系人地址尽可能详细，空格以"/"代替。

2. 项目信息：如实填写装机容量和意向的并网点个数，勾选意向的消纳方式和并网电压等级（单选）；如实填写计划开工时间和计划投产时间，勾选相应的核准规定等级（单选）。

3. 客户用电信息：如实填写客户用电量和转接容量，以及主要用电设备。

4. 双方签字盖章，填写受理日期。

小提醒

√ "项目名称"建议同时包含投资方、项目容量和项目建设场所业主，避免重复导致混乱。

3. 资料查验

资料查验环节工作内容和要点应与居民光伏新装部分相应内容一致。

4. 高压新装

负责岗位

营业厅业务受理人员

工作内容

- 全额类非居民光伏项目在业务受理的同时，还需要发起一个高压新装的业务。

- 指导客户通过掌上电力APP（企业版），申请高压新装业务。

- 若客户已注册账号，可直接登录；若未注册，需先注册后再申请。

小提醒

√ 全额类项目的高压新装流程，将为后续的光伏业务流程关联客户时提供户号。

5. 信息录入

负责岗位

营业厅业务受理人员

工作内容

- 根据客户提供的资料，业务受理人员需在业务受理当天，将信息录入营销系统。
- 具体包括发电申请信息、客户联系信息、关联用户信息、发电资料和账务信息。

主要操作可参考本书Part2居民光伏新装部分有关内容，不同的操作要点如下：

发电申请信息录入系统操作

1. "客户类型"根据投资主体与场所业主关系，选择"不同法人"或"同一法人"。
2. "纳税人类型"选择"一般纳税人"。
3. "用户行业分类"根据场所业主营业执照中的业务范围，选择相应行业分类。

客户联系信息录入系统操作

1. "客户关系"根据实际情况，选择企业法人、经办人、电气联系人或账务联系人等。

发电资料录入系统操作

1. 根据项目需要逐个录入发电资料，一般包括申请表、营业执照、业主身份证、开户银行许可证。若存在租赁关系，还需录入能源合作协议。

账务信息录入系统操作

| 发电申请信息 | 客户自然信息 | 客户联系信息 | 关联用户信息 | 发电资料 | **账务信息** | 项目信息 |

开户银行	账户名称	开户账号	电费支付方式	票据类型	税率
中国建设银行股份有限公司平湖支行	平湖　　有限公司	330	转账	增值税发票	

* 开户银行：　中国建设银行股份有限公司平湖支行
　　* 账户名称：　平湖　　有限公司
　　* 开户账号：　3305　　
* 电费支付方式：　转账　　① * 票据类型：　增值税发票
　开票单位：

新增　保存　删除　返回

1. "票据类型"选择"增值税发票"。

小提醒

✓ 账务信息根据开户银行许可证中信息输入。

✓ 建议使用本地开户的银行账号，避免后续电费支付出现问题。

6. 供应商申请

负责岗位

营业厅业务受理人员

工作内容

- 在业务受理的同时，完成电力供应商的申请。
- 指导客户填写浙江电力供应商主数据申请表，将所需资料提交至上级公司财务部门。
- 所需资料包括营业执照（或税务登记证、组织机构代码证）、开户银行许可证和法人身份证明材料。

7. 资料转存

资料转存工作内容与工作要点可参考本书"Part 2   居民光伏新装"相关内容。

（二）现场勘查

现场勘查环节的主要内容包括勘查派工、勘查准备、现场勘查和信息录入。

现场勘查环节按照项目等级不同，由属地的各级省、市、县供电公司客户服务中心的高压客户经理负责，并由各级供电公司的其他部门配合开展工作。

工作流程

勘查派工 → 勘查准备 → 现场勘查 → 信息录入

小提醒

√ 供电所营业厅受理非居民光伏新装业务，但后续业务执行由客户服务中心高压经理班负责。

1. 勘查派工

勘查派工环节工作内容与工作要点参考居民光伏新装部分相应内容。

2. 勘查准备

负责岗位

高压客户经理

工作内容

- 勘查前准备环节工作与居民光伏业务类似，可参考该部分相应内容。

- 打印工作单、准备工器具等工作内容相同，查验资料、联系客户和经研所等工作内容有所不同。

小提醒

√ 与居民分布式光伏相比，非居民类项目没有典型设计可供参考，需各级供电公司经济技术研究所（简称经研所）配合勘查，给出建议。

（1）查验资料

工作内容

● 核查系统内客户信息、资料的完整性，如存在问题应立即联系客户进行确认。

● 根据客户提交的申请信息，了解客户的地址、预计并网容量、意向的消纳方式、项目是否租赁他人场所等信息。

● 查询客户单位的供电现状，了解目前该客户单位的负荷曲线、供配电系统的情况，并做好相应的准备工作。

（2）联系客户

工作内容

- 与客户沟通确认现场勘查时间。

- 保证项目业主、电气设备管理人员等相关人员全部到场。

- 若客户已选择或已有意向的设计单位，可建议设计单位人员到场。

- 提醒客户，现场勘查环节需客户提供供配电系统图纸、项目可行性研究报告等资料，应提前准备。

- 预约时应充分考虑客户合理需求，对客户咨询做好合理解释。

小提醒

√ 项目可行性研究报告由项目业主调研后出具，需包括项目施工范围、投资情况、预计收益情况等内容。

（3）联系经研所

工作内容

- 与经研所沟通联系，告知其现场勘查时间。

- 由经研所安排相关人员到场参与勘查，并提出建议。

小提醒

√ 若县级供电公司无经研所单位，可由设计单位代为履行相关职能。

3. 现场勘查

负责岗位

高压客户经理

工作内容

- 高压客户经理会同经研所工作人员，在与客户约定的时间上门勘查。

- 对客户信息和项目信息进行确认，确定项目地址、客户名称、联系信息以及项目实施规划等要点。

- 逐项确认现场勘查的要点信息，画出接入方案简图，为下一环节的接入方案制订搜集信息。

- 依据勘查结果填写现场勘查工作单并由客户签字确认。

小提醒

√ 非居民分布式光伏项目现场勘查工作流程可参考本书"Part 2　居民光伏新装"的相关内容。

勘查要点

➤ 根据客户提供的可行性研究报告，确认项目实施方案的相关信息。

编号	查勘项	注意点
1	光伏板安装	安装数量
		安装范围
2	逆变器	容量
		数量
3	并网柜	数量
		安装位置

需确认的项目实施方案信息

确认光伏系统安装位置

勘查要点

➤ 根据客户提供的供配电系统图纸并现场核实，确定项目场所当前配网环境，以及负荷现状。

➤ 根据现场实际情况，确认接入点位置、公共连接点位置和产权分界点位置，确定初步的主接线图。

确认当前配网环境及负荷现状

确认接入点位置

勘查要点

➤ 根据实际情况确认公共电网部分是否需要改造，如需改造，确认初步的改造方案。

➤ 与客户确认并网柜内所需设备。

● 客户提供并网柜内的设备包括：带失压脱扣的断路器、隔离开关、接线盒和多功能数显表。

● 电网公司提供并安装的设备包括负荷控制终端、互感器、表计和电缆线等。

确认光伏并网柜安装位置

多功能数显表

接线盒

带失压脱扣的断路器

预留两个表位的计量柜

确认变压器完好

确认客户内部接线

确认逆变器完好

安全措施及注意事项

➤ 现场勘查所需采取的安全措施和注意事项可参照本书Part 2居民光伏新装部分以及《电力营销一线员工作业一本通　业扩报装》相关内容。

4.　信息录入

负责岗位

高压客户经理

工作内容

● 在完成现场勘查工作后，需将搜集的资料录入营销系统，并初步制订接入方案。

● 操作共涉及【勘查方案】【项目信息】【并网点方案】【计费方案】【计量点方案】【采集点方案】【关联用户信息】和【用电户计费计量信息】8个选项卡。

● 具体操作流程可参考本书"Part 2　居民光伏新装"的相关内容。

【并网点方案】中电压等级选择

子选项卡【公共连接点方案】【接入点方案】【并网点方案】中的电压等级需按照现场勘查结果填写。

【计量点方案】设置：A.计量点信息录入

发电点和上网点的计量点信息中，计量方式、接线方式、电能计量装置分类等字段根据现场勘查结果的实际情况填选。

【计量点方案】设置：B.上网点【电能表方案】设置

非居民光伏项目中，全额类项目的【电能表方案】设置可以参考居民光伏业扩篇内容；余电类项目的【电能表方案】设置，若用户现有电能表已经是双向电能表，则上网点【电能表方案】无需拆除后新装双向电能表，直接关联至现有电能表，将示数类型改为"有功反向（总）"即可，其他设置可参考本书"Part2　居民光伏新装"的相关内容。

【计量点方案】设置：C.【互感器方案】设置

非居民光伏项目需在计量柜中安装互感器，因此，需要在系统中设置相应的【互感器方案】。余电类项目上网点的互感器即客户原有互感器，无需新装，通过点击"新增"按钮，在弹出的对话框中，选择【计量点互感器关系方案】选项卡，输入"用户编号"，点击"查询"按钮，勾选在下方出现的所有互感器，点击"保存"按钮。

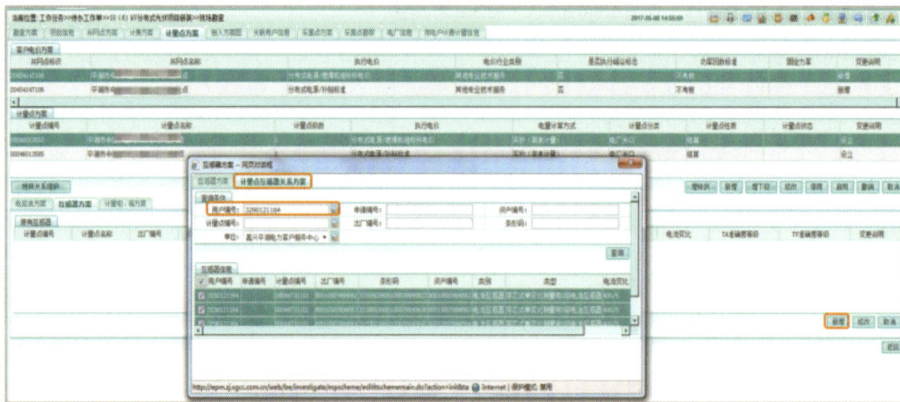

小提醒

✓ 输入的"用户编号"即关联的原用户户号，可通过【关联用户信息】选项卡获得。

【计量点方案】设置：C.【互感器方案】设置

余电类项目发电点与全额类项目需要新装电能表和互感器，需要新设置【互感器方案】。点击"新增"按钮，在弹出对话框的【互感器方案】选项卡中，按照现场勘查结果填选类别、类型、电流变比、只数，点击"保存"按钮。

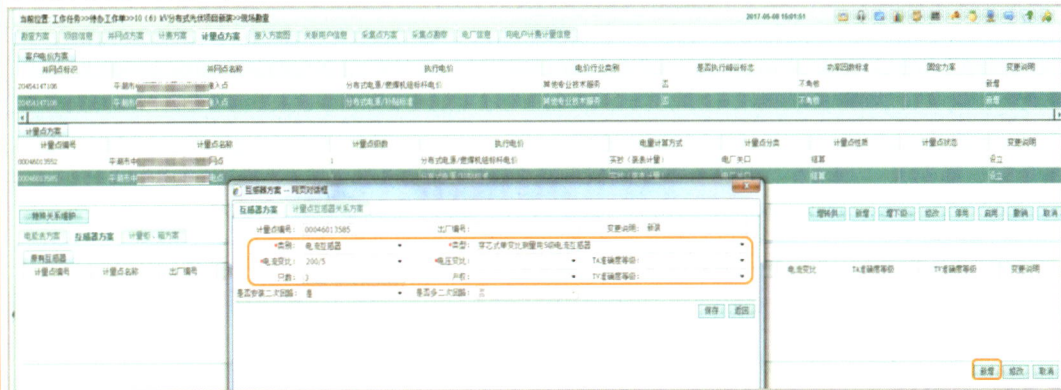

【计量点方案】设置：D.【计量柜、箱方案】设置

由于使用的计量柜、箱是客户购买且属于客户产权，因此在营销系统内，无需设置【计量柜、箱方案】。

【采集点方案】设置

由于非居民光伏项目中，采集终端使用的是负荷控制终端，因此，在【新增终端方案信息】对话框中，"终端类型"选择"负荷控制终端"，按实际需求填选采集方式、接线方式，点击"保存"按钮。【采集点方案】的其他设置操作可参考居民光伏新装部分内容。

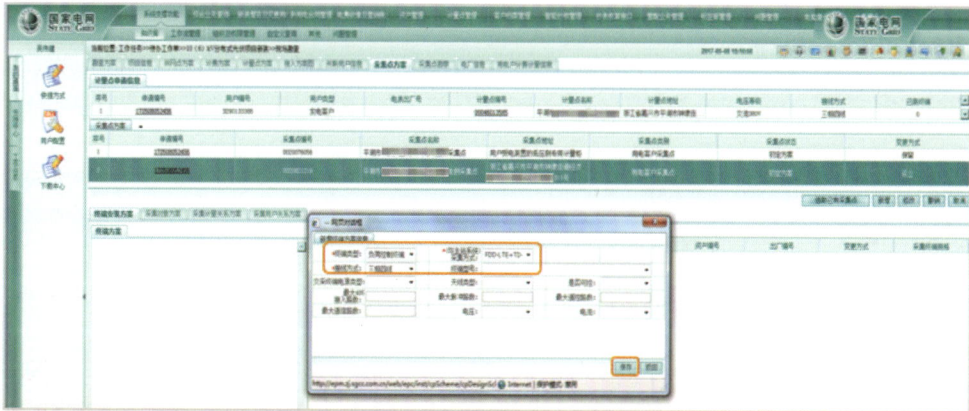

小提醒

✓ 输入的"用户编号"即关联的原用户户号，可通过【关联用户信息】选项卡获得。

（三）接入方案的制定、审查和答复

接入方案制定、审查和答复环节的主要包括制定方案、组织审查、答复方案和确认方案。非居民分布式光伏项目统一由客户服务中心的高压客户经理班负责。

由经研所根据现场勘查确认的信息和客户提供的相关资料制定接入方案，然后，由客户服务中心组织发展建设部、运检部等相关部门会同审查。若审查不通过，将给出审查意见并退回至经研所修改接入方案。审查通过后，由高压客户经理将接入方案答复给客户，待客户确认后将确认单交至客户服务中心。

工作流程

1. 制定方案

负责岗位

经研所工作人员

工作内容

● 根据现场勘查获得的信息，结合客户提供的项目可行性研究报告和分布式光伏发电项目并网申请表，编制项目的接入系统方案。

● 接入方案主要内容包括：接入系统方式（接入点、接入电压等级）选择、光伏接入系统对系统潮流、无功平衡、保护配置、电能质量的影响、光伏电站保护功能的规定、光伏电站通信和计量设备的设计等。

● 重点关注的内容有项目建设的范围和所用设备、主接线图等。

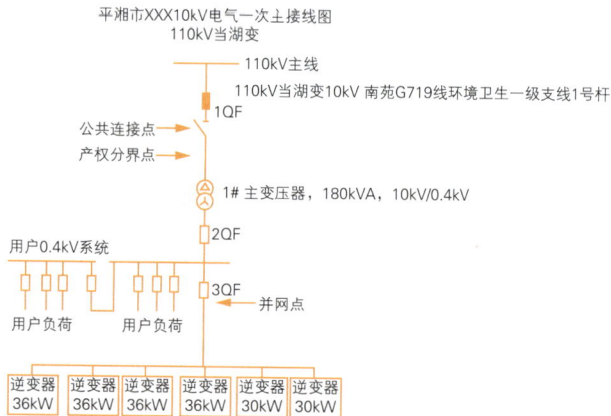

平湘市XXX10kV电气一次主接线图
110kV当湖变

110kV主线
110kV当湖变10kV 南苑G719线环境卫生一级支线1号杆

公共连接点 →　1QF
产权分界点 →

1# 主变压器，180kVA，10kV/0.4kV

2QF

用户0.4kV系统

3QF　并网点

用户负荷　　用户负荷

| 逆变器 36kW | 逆变器 36kW | 逆变器 36kW | 逆变器 36kW | 逆变器 30kW | 逆变器 30kW |

主接线图示例

制定方案系统操作

【制定接入方案】选项卡中，"是否设计审查"选择"是"，"税率"选择"0.17或0.03"，其他选项卡操作可参考居民光伏新装部分内容。

小提醒

✓ 单点并网的第一类项目要求10个工作日内完成接入方案的制定，多点并网的第一类项目要求20个工作日内完成，第二类项目要求50个工作日内完成。

2. 组织审查

负责岗位

客户服务中心高压客户经理

工作内容

● 由客户服务中心高压客户经理，组织营销部、经研所、发展部门、运检部门、调度部门等相关部门，对接入方案内容进行审核。

● 若审核不合格，应给出修改意见并退回至经研所重新编制方案。

组织审查系统操作

营销系统内操作可参考本书"Part 2 居民光伏新装"的相关内容。

小提醒

√ 从收到接入方案开始，要求5个工作日内完成方案的审核。

3. 答复方案

负责岗位

高压客户经理

工作内容

● 接入方案审核通过后，打印接入方案以及分布式电源接入系统方案项目业主（用户）确认单。

工作内容

● 若项目接入公网的电压等级为10（20）kV或35kV，则需由发展部出具《关于××项目接入电网意见的函》。

● 高压客户经理将接入方案、确认单及意见函答复全客户处，客户确认后交全客户服务中心。

● 确认方案环节工作内容及操作可参考本书"Part 2　居民光伏新装"的相关内容。

小提醒

√ 在设计过程中，高压客户经理应与客户保持沟通，及时处理客户遇到的问题。接入方案审核完成后，3个工作日内完成接入方案的答复和确认。

（四）设计审查

设计审查环节主要包括客户提交设计方案、供电公司客户服务中心组织审查设计方案以及根据审查结果答复设计方案。

若审查通过，则通过通知单答复客户结果，客户可按此设计方案施工。若审查不通过，则通过通知单告知客户需整改部分，客户修改设计方案后重新提交审查。

工作流程

1. 提交方案

负责岗位

高压客户经理

工作内容

- 客户在确认接入方案后，委托有设计资质的设计单位，按照接入方案进行图纸设计。

- 在设计方案完成后，客户将方案提交至客户服务中心高压客户经理处。

小提醒

√ 在设计过程中，高压客户经理应与客户保持沟通，及时处理客户遇到的问题。

提交方案系统操作

1. 点击"报送单位"查询按钮，输入设计单位的关键信息，查询后，选择客户委托的设计单位。

2. 根据实际情况，填写其他信息项目，点击"发送"按钮。

小提醒

✓ 若没有查询到单位信息，资质审查后，在后台将该单位信息维护进系统。

2. 组织审查

负责岗位

高压客户经理

工作内容

● 组织客户服务中心高压客户经理班、经研所、运检部门、发展部门、调度部门等相关部门，会同审查客户提交的设计方案。

● 重点审计审查对象为设计施工图纸。

● 审查标准为接入系统方案，以及国家标准、电力行业标准、国家电网公司的设计规范。

组织审查系统操作

按实际情况填选"审批/审核人""审批/审核日期"。

➢ 若审核通过，则"审批/审核结果"选择"通过"，并在"审批/审核意见"栏填写"同意"，点击"发送"按钮。

➢ 若审核不通过，则"审批/审核结果"选择"不通过"，并在"审批/审核意见"栏填写相应的修改建议。

3. 答复方案

负责岗位

高压客户经理

工作内容

● 审核通过后，出具分布式电源审计审查结果通知单，填写申请日期，在"审查内容和结果"栏中填写"同意"，盖章并填写日期后交至客户处。

系统操作

➤ 系统操作可参考接入方案制定、审查和答复环节的答复客户系统操作。

（五）受理并网申请

受理并网申请环节主要内容包括客户提交申请、营业厅受理并网申请和信息录入营销系统。

客户按照设计图纸施工完成后至营业厅申请并网，填写分布式电源并网验收和调试申请表，并提交并网验收所需验收资料。

本环节由营业厅负责。

除申请表填写内容外，其他工作内容可以参考本书"Part2　居民光伏新装"的相关内容。

工作流程

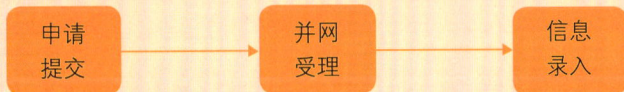

1. 申请提交

分布式电源并网调试和验收申请表（填写示例）

　　1. 填写项目信息：项目编号、申请日期、项目名称、项目地址、项目投资人、项目联系人、联系人电话和地址。项目地址尽可能详细，空格以"/"代替。

　　2. 填写并网信息：并网点位置、电压等级、发电机组（单元）容量简单描述。

　　3. 双方签字盖章，受理人签字，填写受理日期。表单中任何签名应保证是本人亲笔签名，不能用签名章代替签字。

2. 资料验收

资料验收清单

序号	资料名称		备注
1	并网验收和并网调试申请表		
2	分布式电源项目并网验收意见单		
3	项目核准（或备案）文件		由政府主管部门出具
4	工商营业执照		
5	税务登记证		
6	合作协议复印件		
7	竣工图纸		
8	施工单位资质	承装（修、试）电力设施许可证	发电装机容量400kW以上项目必备
9		建筑企业资质证书	
10		安全生产许可证	

续表

序号	资料名称	备注
11	主要设备技术参数、型式认证报告或质检证书	包括发电、逆变、变电、断路器、隔离开关等设备
12	光伏组件、逆变器监测认证证书	
13	低压电气设备3C证书	必备
14	并网前单位工程调试报告（记录）	必备
15	并网前单位工程验收报告（记录）	必备
16	并网前设备电气试验、继电保护整定、通信联调、电能量信息采集调试记录	必备
17	项目运行人员名单、专业资质证书复印件	
18	并网启动调试方案	35kV及以上项目必备

（六）合同签订

合同签订环节包括合同起草、合同审核、合同签订和合同归档。

合同签订环节和表计安装环节同时发起、同步进行。

高压客户经理根据接入方案的相关内容编制合同初稿，并提交至客户经理班长审核，审核通过后和客户签订合同。签订完成后，纸质合同归档。

工作流程

工作内容

- 本环节由客户服务中心高压客户经理班负责。

- 除合同所用模板外，其他工作内容参考本书Part 2居民光伏新装部分的相关内容。

> **小提醒**
>
> √ 并网电压为220V/380V的项目应在5个工作日内完成合同签订，10（20）kV及35kV项目应在10个工作日内完成合同签订。

编号：329013█████

分 布 式 光 伏 发 电

购 售 电 合 同

甲方（购电方）：国网浙江平湖市供电公司

乙方（售电方）：浙江████新能源有限公司

2017 年█月█日 签署

第 1 页 共 10 页

（七）计量装置安装

工作内容

● 计量装置安装环节主要包括安装派工、安装准备、表计安装及信息录入。

● 装接班班长根据情况将装接任务分配给班组成员，由班组成员完成配表、领表、联系客户等准备工作，并负责现场的表计安装工作和安装完成后的信息录入工作。

● 非居民光伏项目除所用表计和相关设备之外，其他工作内容可参考本书Part 2居民光伏新装部分的相关内容。

● 本节内容中的详细操作规范参考《电力营销一线员工作业一本通　装表接电（第二版）》。

工作流程

安装派工　→　安装准备　→　表计安装　→　信息录入

（八）并网验收

并网验收环节主要包括三个部分：验收准备、现场验收以及组织并网。

工作内容

- 并网验收主要由高压客户经理负责，进行组织并网验收调试、现场验收调试以及并网运行工作。

- 本环节的工作内容除现场验收要点、验收资料以及所需填写的分布式电源并网意见单外，其他工作内容参考本书"Part 2 居民光伏新装"和《电力营销一线员工作业一本通 业扩报装》相应环节内容。

工作流程

```
验收          现场          组织
准备    →     验收    →     并网
```

工作要点

➤ 按设计施工图纸和相关施工要求，确认线路（电缆）、并网开关、配电装置以及其他电器试验结果是否合格。

➤ 确认变压器、电容器、避雷器是否合格。

➤ 检查确认相关作业人员资格是否符合要求。

➤ 检查确认计量点位置和计量装置安装是否合格。

➤ 检查确认防孤岛保护测试、继电保护测试是否合格。

小提醒

√ 并网验收作业必须要求客户相关人员随同检查。

√ 建议在验收结论处盖章。

验收项目>>线路（电缆）

➤ 参考实际设计要求，确认线路（电缆）安装是否符合规范要求。

验收项目>>并网开关

检查并网开关外观完好

检查并网开关内部结构

验收项目>>继电保护

HQ430 微机保护测试仪

指导客户进行继电保护测试

验收项目>>配电装置

检查配电装置的安装

验收项目>>避雷器

检查避雷器的安装

验收项目>>作业人员资格

检查作业人员资格

验收项目>>计量装置

检查计量装置的安装

计量装置接线规范示意图

确认计量装置运行正常

验收项目>>防孤岛保护测试

逆变器屏幕显示"孤岛故障"

验收项目>>变压器

检查变压器外观及内部接线

验收项目>>其他电气试验结果

检查互感器安装

检查光伏逆变器故障状态显示

验收项目>>计量点设置

检查接入点接线

检查公共连接点接线

（九）资料归档

资料归档环节主要包括资料接收及审核、信息归档和资料归档。

信息归档由综合室负责，资料接收、审核和归档由档案室负责。

非居民分布式光伏项目在资料归档环节除所需的归档资料清单外，其他具体工作内容和操作办法均可参考本书Part 2居民光伏新装部分的相关内容。

工作流程

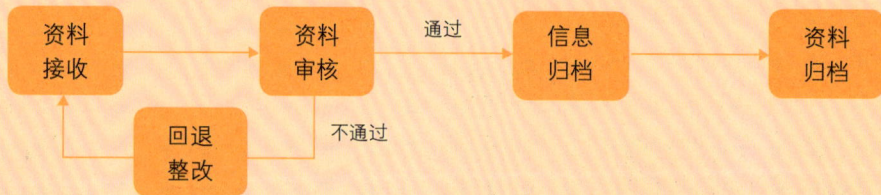

小提醒

√ 全额类非居民光伏业务还需要完成高压新装业务的资料归档，具体操作与普通高压新装业务相同。

非居民分布式光伏项目所需的归档资料清单

序号	业务环节	资料名称	备注
1	业务受理	分布式电源并网申请表	必备
2		客户身份证明	必备
3		房屋产权证明或其他证明文件	必备
4		经办人有效身份证明及授权委托书	委托代理人办理时必备
5		政府主管部门同意项目开展前期工作的批复	需核准项目必备
6		发电项目前期工作及接入系统设计所需资料	380/220V多并网点接入或10kV及以上接入项目必备
7		用电（如一次主接线图、负荷情况等）相关资料	
8		建筑物及设施使用或租用协议	合同能源管理项目或公共屋顶光伏项目必备
9		物业、业主委员会或居民委员会的同意建设证明	住宅小区居民使用公共区域建设项目必备
10		银行账号信息	必备
11		项目前期相关资料（如可研报告、实施方案等）	
12	现场勘查	现场勘查工作单	必备

序号	业务环节	资料名称	备注
13	答复接入方案	接入系统方案	必备
14		关于××项目接入电网意见的函	10（20）kV及以上电压等级接入的项目必备
15		分布式电源项目接入系统方案项目业主（用户）确认单	必备
16	受理审计审查申请	设计单位资质复印件	必备
17		工商营业执照、与客户签署的合作协议复印件	若委托第三方管理，提供管理方资料
18		设计文件（包含但不限于：图纸及说明、隐蔽工程设计资料、高压电气装置一/二次接线图及平面布置图、高压电气设备一览表、继电保护、电能计量）	必备
19		项目、建设进度计划	
20	答复审查意见	分布式光伏设计审查结果通知单	必备

续表

序号	业务环节	资料名称	备注
21	受理并网申请	并网验收申请单［包括申请表（浙电营41–2015）、联系人资料表（浙电营06–2015）］	必备
22		项目核准(或备案)复印件	必备
23		工商营业执照	必备
24		税务登记证	必备
25		合作协议复印件	合同能源管理模式
26		竣工图纸	必备
27		施工单位资质［包括承装（修、试）电力设施许可证、建筑企业资质证书、安全生产许可证］	发电装机容量400kW以上项目必备
28	并网验收	主要设备技术参数、型式认证报告或质检证书	必备
29		光伏组件、逆变器检测认证证书	必备

续表

序号	业务环节	资料名称	备注
30	并网验收	低压电气设备3C证书	必备
31		并网前单位工程调试报告（记录）	必备
32		并网前单位工程验收报告（记录）	必备
33		并网前设备电气试验、继电保护整定、通信联调、电能量信息采集调试记录	必备
34		并网启动调试方案	35kV及以上项目必备
35		项目运行人员名单、专业资质证书复印件	
36	安装信息录入	电能计量装接单	必备
37	合同签订	购售电合同及附件	必备
38	组织并网验收调试	分布式电源并网验收意见单	必备

（十）客户回访

负责岗位

高压客户经理

工作内容

● 非居民光伏新装项目完成并归档后，联系客户确认项目信息，了解客户对供电公司服务的评价，并反馈至相应岗位人员。

● 具体工作内容可参考本书Part 2居民光伏新装部分的相关内容。

小提醒

√ 并网验收完成后，与资料归档同步发起客户回访。

Part 3

本篇介绍了分布式光伏发电项目并网运行后的日常管理、电费结算和安全保障等工作内容，旨在提高相关工作人员的业务规范性，为客户提供全面、专业、优质的服务。

运行管理篇

一　日常管理

（一）台账维护

居民分布式光伏发电项目日常管理中，台账维护工作的重点是对"两本账"（自备电源客户统计台账和光伏电源台区接线图）的管理。

1. 自备电源客户统计台账

负责岗位

供电所营销查勘员

工作内容

● 负责自备电源客户统计台账的管理、验收，做到台账信息的统一管理、及时更新、全面共享。

台账式样

序号	光伏项目名称	项目所在区域	建设性质	投资方	联系方式	电力户号	消纳方式	装机容量（kW）	关联用户受电容量（kVA）	并网接入电压等级（kV）	变电站名称	并网线路名称	接入点数目	接入点具体位置	接入点容量（kVA）	报装状态	受理申请日期	答复方案日期	受理并网申请日期	并网日期	地址	继电保护和安全自动装置信息	公共连接点电压等级（kV）	并网点位置	光伏户号

2. 光伏电源台区接线图

负责岗位

供电所运维技术员

工作内容

● 负责光伏电源台区接线图的管理、更新。

● 通过在PMS系统中文字标注光伏电源位置，在台区接线图中标注光伏电源位置等方式，确保每个光伏电源在台区接线图上的标注及时、准确。

● 光伏电源发生迁移、变更或增补时，台账、台区接线图应一并更新。

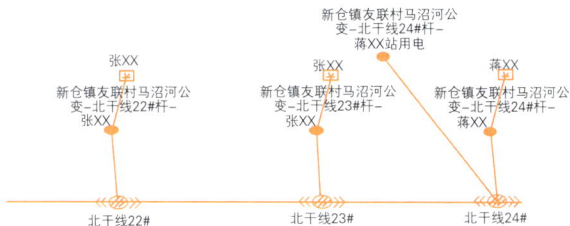

PMS系统

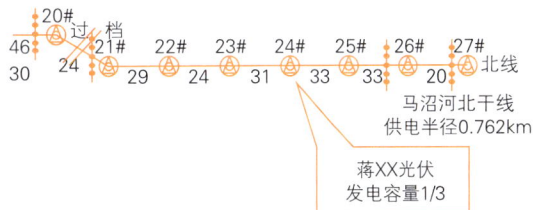

台区接线图

（二）运行检查

负责岗位

供电所运维人员

工作内容

● 对居民分布式光伏用户开展并网运行检查，每季不少于一次，并且做好光伏配变台区反孤岛效应的现场测试。

● 如检查中发现居民分布式光伏用户存在不符合《并网调度(运行)协议》或私自改接光伏系统等威胁电网安全的情况，应立即责令业主停止光伏系统运行，待整改完毕且通过供电企业验收后方可并网。

（三）标识要求

负责岗位

供电所运维人员

工作内容

● 在公共连接点、发电计量箱和用户计量箱等位置设置现场张贴和管理居民家庭屋顶光伏发电项目的电源接入安全标识。

● 安全标识材料采用铝箔覆膜标签纸，黄底黑字。

1. 发电计量表箱安全标识

（1）标签样式

规格：60mm×160mm

光伏发电 （全部上网）	光伏发电 （余量上网）
全额上网样式	**余电上网样式**

（2）张贴样式

注意要点

➤ 按上网类型，张贴在表箱正面上沿或中间明显位置，但不能遮挡观察视窗，粘贴要牢固可靠。

光伏发电计量箱

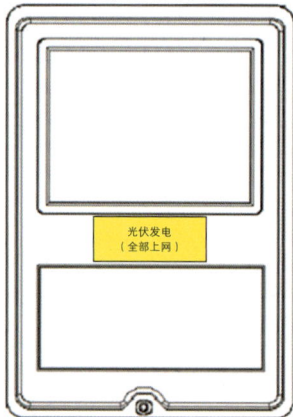

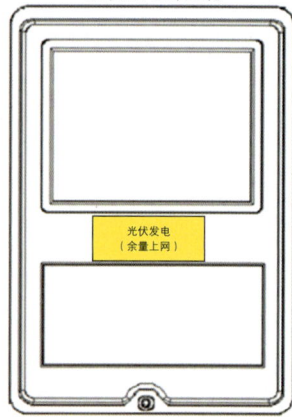

光伏发电
（全部上网）

全额上网提示

光伏发电计量箱

光伏发电
（余量上网）

余电上网提示

2. 用电计量表箱安全标识（余电上网）

（1）标签样式

规格：60mm×160mm

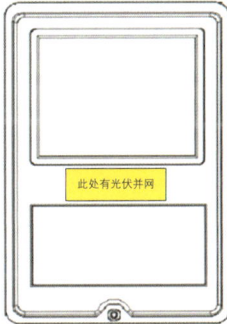

此处有光伏并网

光伏并网点样式

（2）张贴样式

用电计量表箱（余量上网）

此处有光伏并网

光伏并网点显示

3. 发电表箱电源进出类型标识

（1）标签样式

　　规格：20mm×40mm

（2）张贴样式

注意要点

➤ 粘贴于表箱内底板上。

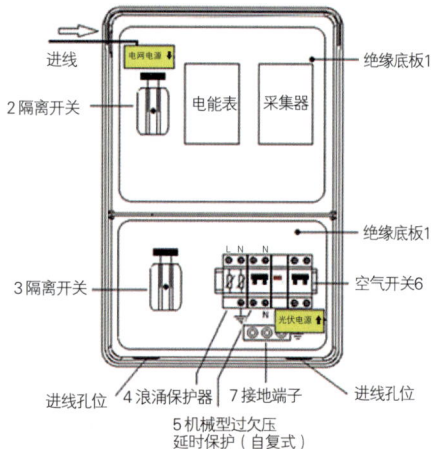

电网电源 ⬇	光伏电源 ⬆
电网电源样式	**光伏电源样式**

电源进出标示

进线
电网电源 ⬇
2 隔离开关
电能表　采集器
绝缘底板1
绝缘底板1
3 隔离开关
空气开关6
光伏电源
进线孔位
4 浪涌保护器
7 接地端子
进线孔位
5 机械型过欠压
延时保护（自复式）

4．公共连接点安全标识

（1）标签样式

规格：120mm × 300mm

此处有光伏接入

光伏接入点样式

（2）张贴样式

此处有光伏接入

线路光伏T接提示

当心触电

此处有光伏接入

分支箱光伏T接提示

5. 配电变压器台区安全标识

（1）标签样式

规格：120mm×300mm

台区有光伏接入

台区光伏接入样式

（2）张贴样式

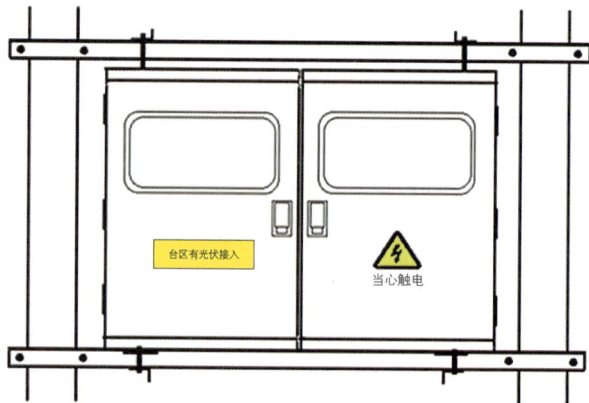

台区有光伏接入

当心触电

JP柜配电变压器台区光伏接入提示

二 电费结算

在光伏系统并网运行后，供电公司将按照国家规定的上网电价和销售电价对上、下网电量分别计算购、售电费。同时，按国家和省级补贴标准对光伏发电量计算补贴金额，并在规定的时间内将电费和补贴与客户结算完毕。

（一）居民用户电费结算

负责岗位

营销部门电费专职与财务部分电费结算人员

工作内容

● 地市公司或县公司客户服务中心负责按合同约定的结算周期，抄录分布式光伏发电项目上网电量和发电量，计算应付上网电费和补贴资金。

● 财务部通过转账方式支付当月自然人光伏项目应付的上网电费和补助资金，支付成功后，财务部应将上网电费和补助资金的支付情况反馈给营销部门。

● 自然人光伏发票类型为增值税普通发票，由供电公司统一代开。

居民分布式光伏电费结算流程		
负责岗位	**操作步骤**	**操作要点**
电费专职	电费结算发行	每月4日发行
	打印清单	发行完毕后第二个工作日可以打印 清单包括分布式电源客户电费结算清单和发电客户清单
	导出数据	从营销系统导出"05312按电费年月查询分布式应付数据"清单
	核对电量电费	
	报送给财务结算人员	
财务部门结算人员	核对财务数据	核对"05312按电费年月查询分布式应付数据"清单与财务管控系统中的数据
	完成结算操作	在财务管控系统中操作
	发送结算单	发至电费中心账务班班长
电费中心账务班班长	统一代开发票	根据分布式上网电费及补助资金结算单开据增值税普通发票
	填报汇款联系单	联系单即国网浙江平湖市供电公司通知汇款联系单
	上报审核	上报电费中心负责人
电费中心负责人	审核通过	
电费中心账务班班长	签字盖章	需签字盖章文件包括分布式电源客户电费结算清单和发电客户清单
	交至财务部门	
出纳人员	打款至每个用户账户	根据每个用户的补助信息打款

（二）非居民用户电费结算

负责岗位

营销部门核算账务班与财务部门电费结算人员

工作内容

● 地市公司或县公司客户服务中心负责按合同约定的结算周期抄录分布式光伏发电项目上网电量和发电量，计算应付上网电费和补贴资金。

● 财务部通过转账方式支付上月非自然人光伏项目应付的上网电费和补助资金。支付成功后，财务部应将上网电费和补助资金的支付情况反馈给营销部门。

● 非自然人光伏项目电费发行后，应及时将结算数据告知客户，并通知、指导客户按时规范开具增值税专用发票。

非居民分布式光伏电费结算流程				
负责岗位	**操作步骤**			**操作要点**
核算账务班	电费结算发行			
	打印清单			等相关企业的项目全部发行完毕后打印； 清单包括分布式电源客户电费结算清单和发电客户清单
	导出数据			从营销系统导出"05312按电费年月查询分布式应付数据"清单
	核对电量电费			
	报送财务结算人员			
财务结算人员	核对财务数据			核对"05312按电费年月查询分布式应付数据"清单与财务管控系统中的数据
	完成结算操作			在财务管控系统中操作，生成分布式上网电费及补助资金结算单
	发送结算单			
核算账务班	通知客户			通知每个客户当月应开具增值税发票的电量及电费信息
客户	递交发票	**供电公司**	寄发账单	客户将增值税发票送到电费中心； 客户在分布式电源客户电费结算清单上签字确认并盖章； 供电公司同时给每个客户寄发分布式能源应付电费账单
	签字确认盖章			
电费中心 负责人	审核通过			
电费专职	清单提交财务部门			清单包括分布式电源客户电费结算清单和发电客户清单
出纳人员	打款至用户账户			根据每个客户的补助信息打款

三　安全保障

　　由于难以对众多的分布式电源进行控制，停电检修计划安排的难度增加，配电网现场作业安全风险加大，可能危及检修维护人员的生命安全。因此，配电网的施工与检修维护工作必须结合实际，严格执行《国家电网公司电力安全工作规程（配电部分）》的有关规定，确保作业安全，重点是严格执行保证安全的组织措施和技术措施。

（一）组织保障

1. 严格执行现场勘察制度

　　（1）**现场勘察人员：**电网停电检修前，应结合光伏台账信息开展工作。

工作内容

- 现场勘察前应查阅光伏台账信息，确认停电区域是否存在光伏电源。
- 现场勘察时，应确认现场的光伏电源信息与查阅的光伏电源信息是否一致。

（2）**工作票签发人或工作负责人：**组织进行现场勘察。

工作内容

● 勘察清楚需要停电的范围、保留的带电部位（包括光伏系统等分布式电源设备情况）及作业现场的条件、环境及其他危险点，制订预控措施。

● 涉及多专业、多单位、多班组的大型复杂作业，对危险性较大的作业项目，应编制组织措施、技术措施、安全措施。三措编制应严格根据《国家电网公司关于印发生产作业安全管控标准化工作规范（试行）的通知》（国家电网安质〔2016〕356号）的要求执行。

2. 严格执行工作票制度

（1）**停电作业：**填用配电第一种工作票。

工作内容

- 应在"5.2 工作班完成的安全措施"栏中填写"拉开×××光伏用户光伏侧刀开关或表前隔离开关"。

- 在光伏侧刀开关或表前隔离开关上悬挂"禁止合闸、有人工作"标志牌，并锁住箱门。

（2）**不停电作业**（有低压光伏的接户、进户计量装置上进行）：填用低压工作票。

工作内容

- 应在"5.2 保留的带电部位"栏中填写带电部位，如开关设备、分布式电源设备上桩带电等。

3. 严格执行工作许可制度

工作内容

● 配电线路停电检修：工作许可人应在线路可能受电的各方面（含并网光伏系统等分布式电源）都拉闸停电，并挂好接地线后，方能发出许可工作的命令。

（二）技术保障

落实光伏台区停电检修作业安全技术措施关键节点。

工作内容

● 供电所配合停电人员要拉开台区内所有光伏用户光伏侧刀开关或表前隔离开关，在光伏侧刀开关或表前隔离开关上悬挂"禁止合闸、有人工作"标志牌，并锁住箱门。

● 按检修实际情况，装设接地线（根据市公司安监部的要求，已确保光伏侧有明显断开点且柜门上锁，所以这里可以按不考虑光伏的原有方式挂接地线）。

Part 4

本篇包括营财贯通报错处理与客户电费电价查询两个发生频率较高的典型问题或情况，分别介绍了案例发生的背景及处理方法，为光伏业务办理人员提供参考和依据，以提升分布式光伏项目的服务质量。

典型案例篇

一　营财贯通报错处理

（一）案例背景

在分布式光伏发电项目完成并网验收后，国家电网公司将根据客户产生的发电量及上网电量，定期与客户结算电费与补贴。为了顺利完成电费结算相关业务，营销系统应与财务管控系统进行信息同步，以提供发电量、上网电量等数据。

在完成营销系统与财务管控系统的档案信息同步后，营销系统会按时自动发送"分布式电源应付电费信息"至财务管控系统，财务部门能够根据此信息，完成电费结算工作。

　　若前期业务办理过程中存在关键字段漏填或错填等不规范问题，会导致营销系统与财务管控系统间档案信息同步出错，因而电费信息发送失败，无法正常结算电费。

　　若由于后台调整导致营销系统与财务管控系统对接出错，会导致应付电费信息自动发送失败。

小提醒

√ 若档案信息中用户发票证件号码、银行账号、补助类型、税率等字段信息填写错误，档案同步和信息传递正常，但财务结算出错，需联系前端相关业务人员进行修改。

（二）应对措施

负责岗位

核算账务班成员

处理流程

➤ 若出现"分布式电源应付信息"自动发送失败情况，应首先尝试手动发送。

➤ 若手动发送失败，则需再次进行档案信息的同步，在同步成功后，再次进行信息的手动发送。

➤ 若档案同步失败，则通过营销系统反馈的结果描述，查询档案同步失败的原因。

➤ 常见原因为档案信息填写不全或错误，需联系前端业务岗位对档案信息进行修改，修改完成后重新进行档案同步和信息传递。

➤ 若档案信息未发现问题，则需联系后台系统管理部门，寻求技术支持。

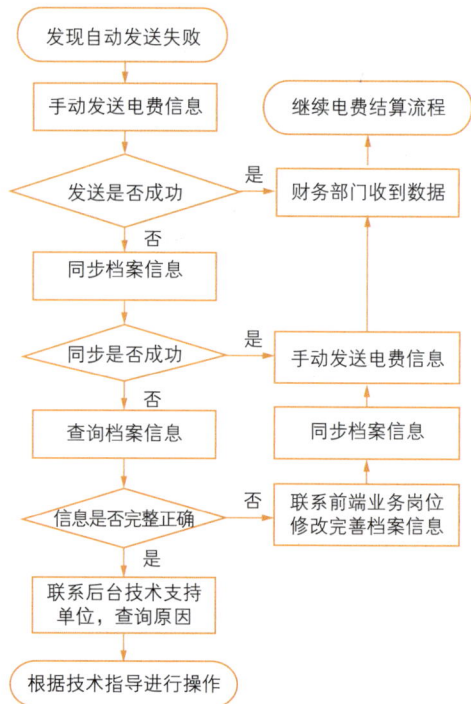

档案信息同步操作

1. 点击 "客户档案管理" ，选择 "功能" ，选择 "分布式电源档案数据同步财务管控系统"。
2. 输入 "发电客户编号" ，点击回车键。
3. 点击 "同步档案数据" 按钮。

电费信息手动传递操作

1. 点击"电费收缴及营销账务管理"按钮，选择"营销账务管理"，点击"功能"按钮。

2. 输入"发电客户编号"，点击"查询"按钮。

3. 勾选所需发送的信息条目，点击"发送财务"按钮。